SPATIAL DESIGN

空间设计技法图典

[日]日本建筑学会 编
周元峰 译

中国建筑工业出版社

著作权合同登记图字：01-2007-4913号

图书在版编目（CIP）数据

空间设计技法图典/[日]日本建筑学会编；周元峰译.—北京：中国建筑工业出版社，2010.12
ISBN 978-7-112-12489-3

Ⅰ. ①空… Ⅱ. ①日…②周… Ⅲ. ①空间设计-技法（美术）-图解 Ⅳ. ①TU206

中国版本图书馆CIP数据核字（2010）第188293号

*　　*　　*

责任编辑：白玉美　刘文昕
责任设计：陈　旭
责任校对：姜小莲　张艳侠

空间设计技法图典
[日]日本建筑学会 编
周元峰 译

*

中国建筑工业出版社出版、发行（北京西郊百万庄）
各地新华书店、建筑书店经销
华鲁印联（北京）科贸有限公司制版
北京顺诚彩色印刷有限公司印刷

*

开本：880×1230毫米　1/32　印张：7　字数：350千字
2011年6月第一版　2011年6月第一次印刷
定价：39.00元

ISBN 978-7-112-12489-3
（19745）

前　言

日本建筑学会、空间研究小委员会曾出版过《空间体验——世界的建筑、城市设计（1998年）》、《空间表现——世界的建筑、城市设计（2000年）》和《空间要素——世界的建筑、城市设计（2003年）》。这三本书都是从“空间的魅力是什么”这一基本的视点上来品味建筑、城市空间，并通过引用众多的事例来解说其魅力与趣味的。

本书以上述三部作品为基础，是作为2005年出版的《空间设计要素图典[修订版]》（日本建筑学会编，井上书院出版）的姊妹篇来策划的。《空间设计要素图典》是解说有关建筑、城市空间研究方向上的用语，而本书则是整理、分类了对空间进行规划、设计时所用到的概念和手法等，并且通过大量事例来进行解说。为了照顾学习建筑和城市设计的初学者，以及对空间设计感兴趣的一般读者，本书运用了许多照片和图片来进行解说。

如果您能用好本书，就使它成为一本能唤起您做规划和设计的灵感，并且能丰富您的设计的工具书；或者使它成为一本在研究设计理论时的建筑、城市空间的事例集；更进一步，使它成为一本去各地参观时的向导书。对于学习建筑学的各位，我十分期待这两本姊妹书能够成为适合大家各自毕业设计的参考书。

在本书的编辑中，除了空间研究小委员会的成员以外，很多人都给我们提供了珍贵的原稿和照片等。另外，井上书院的石川泰章先生和山中玲子女士，从策划到校对一直都很用心。而且，要是没有编辑出版工作小组的各位成员，特别是积田洋先生（主任）、金子友美女士（负责人）的热心、积极地对待的话，这本书是不可能完成的。在这里，衷心地表示感谢！

空间研究小委员会主任　**大佛俊泰**

2006年7月

本书的特点及构成

建筑空间及城市空间的“魅力”，在于可以从各种各样的角度来解读他们。

以前，空间研究小委员会曾经出版过通过实际的建筑、城市的空间体验来讲解空间魅力的《空间体验——世界的建筑、城市设计（1998年）》；还有着眼于在构造出建筑及城市空间的基础上，利用各种各样的手法，创造富有魅力空间的《空间表现——世界的建筑、城市设计（2000年）》；以及重视柱子、窗户、墙壁和屋顶等构成空间的基本要素，把空间的魅力从要素这个侧面来整合的《空间要素——世界的建筑、城市设计（2003年）》（全部为井上书院出版）。

本书是在这三部作品的成果之上，把在设计建筑和城市中用到的概念和手法等作为一种用语来整理，并把与这些用语有关的事例作为中心来解说的图典。

通常所说的辞典是用文字来解说词语的，但本书与之相反，以极力把解说文编写得简洁为前提，使解说文字只占页面的两成，大概在550字以内。因此，纸面大部分刊载的都是实例。这样的构成是本书最有特征的一点，大多数建筑和城市的空间的事例都用照片来很形象化地展示，希望读者能够通过这些来很实际地理解，并从中读到设计手法。

首先，出版工作小组的成员对设计手法的大部分概念和手法等进行整理和分类。然后，用操作性的、能动性的语言来把其按“章”表示成目录那样，整理出了“伫立，覆盖，围合，堆积，组建，挖掘、雕刻，排列，整合，分割，混合，连接，对比，变形，悬浮，通透、贯穿，给予能动性，装饰，象征，运用自然，诉说时间”这20个概念。更进一步的，作为具体表现这些概念的设计手法，在每个概念之下整理了4 ~ 6个用语，共98个，对每个用语展开两页的解说。围绕一个用语列举十几个事例，其中最能代表用语设计手法的事例采用大幅的照片，而且每个用语不仅仅配有照片，还有平面图和剖面图等，版面的编排也很有利于理解。

本书中列举出的建筑、城市空间的事例，如果把重复的也包含上共有近700例。在书的最后部分把这些事例做了一个索引，其所在位置以及名称都被标写了出来。

当然，建筑和城市空间的设计方法是多种多样的。虽然本书努力刊登能够代表这些用语的事例，但是由于照片原则上采用执笔者和协助者等的学生所拍摄的作品，所以有些用语自然会有一定的局限而无法列举。而且，建筑和城市空间等仅用一种设计手法设计恐怕非常少见，肯定是同时运用了多种手法，所以对于事例的采用，编辑委员会都是进行过多次讨论的。因此，如有不当之处敬请见谅。

本书的解说文字中出现的关于空间的用语，希望您能参考同委员会编辑的作为本书姊妹篇的《空间设计要素图典［修订版］》（井上书院出版）。

本书在编辑时，因为要把体现设计手法的众多建筑、城市空间的示例作为本书的中心，所以，像大家在目录中看到的那样，每个章节都有各自的主要负责人，而照片主要都是以那一章的负责人所在研究室的学生为中心，从编辑阶段就开始大量收集的。

再次深深地感谢以金子友美女士为首的编辑委员们，以及各章的负责人，还有提供大量照片的各位！

如果本书能够帮助到学习建筑和城市设计等的学生，能在大家考虑设计时助上一臂之力的话，那实在是让我们喜出望外的事情！

空间研究小委员会　出版工作小组主任　**积田　洋**

2006年7月

执笔者一览

［编辑委员］

积田　洋　　东京电机大学工学部建筑学科教授 空间研究小委员会、出版WG主任

金子友美　　昭和女子大学生活科学部环境学科讲师 空间研究小委员会、出版WG主任

土肥博至　　神户艺术工科大学大学院艺术工学研究科教授

福井　通　　神奈川大学工学部建筑学科助手

安原治机　　工学院大学工学部建筑城市设计学科教授

山家京子　　神奈川大学工学部建筑学科教授

［执笔者］

赤木彻也　　工学院大学工学部建筑学科副教授

石井清巳　　神户艺术工科大学大学院土肥研究室

伊藤真贵　　神户艺术工科大学大学院土肥研究室

井上　猛　　东京工业大学大学院大佛研究室

大佛俊泰　　东京工业大学大学院情报理工学研究科情报环境学专业副教授

金子友美　　见上

镰田诗织　　东京工业大学大学院大佛研究室

木下芳郎　　东京工业大学大学院理工学研究科建筑学专业助手

黑川　茜　　神户艺术工科大学大学院土肥研究室

腰越耕太　　KOA Architects建筑设计室主持

齐藤　理　　东京大学客员研究员，东京理科大学非常勤讲师

佐佐木一晋　　东京大学大学院工学系研究科建筑学专业博士后期课程，庆应义塾大学环境情报学部非常勤讲师

佐野奈绪子　　东京大学大学院工学系研究课建筑学专业助手

岛田　廉　　东京工业大学大学院大佛研究室

铃木信弘　　Suzuki Atelier一级建筑师事务所代表，神奈川大学工学部非常勤讲师

铃木弘树　　栗生综合计划事务所，东京电机大学工学部建筑学科非常勤讲师

関户洋子　　东京大学大学院工学系研究科建筑学专业客员研究员

高柳英明　　高柳英明建筑研究所顾问，千叶大学工学部设计工学科助手

津田良树　　神奈川大学工学部建筑学科助手

积田　洋	同上
土肥博至	同上
富井正宪	神奈川大学工学部建筑学科专任讲师，东京大学生产技术研究所研究员
中田由美	东京工业大学大学院大佛研究室
林田和人	早稻田大学理工学术院讲师
日色真帆	爱知淑德大学现代社会学部现代社会学科教授
福井　通	同上
星野　雄	东京工业大学大学院大佛研究室
本间义章	本间义章建筑设计事务所(associate with S.C.S)
安原治机	同上
柳田　武	日本大学理工学部建筑学科讲师
山家京子	同上
山岸千夏	神户艺术工科大学大学院土肥研究室
横山胜树	女子美术大学艺术学部设计学科教授
横山 YURIKA	东京大学大学院综合文化研究科广域组织科学系助手

[2006年度 空间研究小委员会、出版WG]

主任	积田 洋				
负责人	金子友美	佐野奈绪子	铃木信弘	铃木弘树	高柳英明
委员	大佛俊泰*	林田和人**	福井　通	安原治机	柳田　武
	土肥博至	横山胜树	恒松良纯	山家京子	

* ：空间研究小委员会主任

**: 2005年度空间研究小委员会、出版WG委员

[除主任、负责人以外按日语五十音图顺序排列]

目　录

SPATIAL
DESIGN

◉——“伫立”是“建筑”的开始，是空间构造的原点。人们为抵抗重力使用了柱子、墙壁等，构筑了具有庇护性的空间，这是房屋的原形。“伫立于中心、关键处”这个手法是设计空间、场所的基点的方法。这种手法象征着“伫立”的意义，是古今东西文化圈共通的普遍的手法(①②⑤)。就尺度而言，在整体或者室内的尺度中，把中心、重要的场所用“坐席、柱子、墙壁”等强调的手法在很早以前就有了(③④)。在建筑尺度中，也有把领域、场所的中心、重点用另一种东西——空间来强调的手法。“象征柱”或“核心”等是前者，“楼梯井”或“中庭”

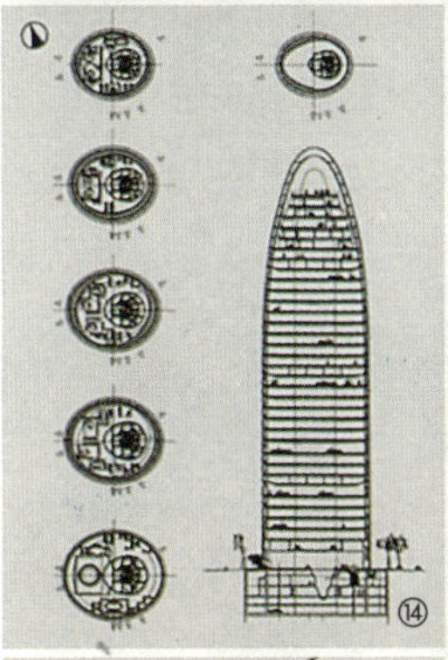

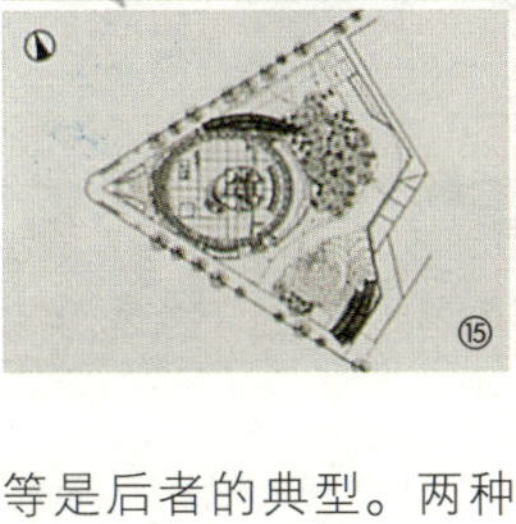

①帕提农神庙（雅典娜）②伊势神宫、中心御柱上的屋子（三重）③疆塔尔曼塔天文台的中心柱（印度）④帐篷内的中心柱（摩洛哥）⑤布达拉宫（中国西藏）⑥卡庇托利诺山广场的骑马像（罗马）⑦扎什伦布寺的象征柱（中国西藏）⑧利拉修道院、中庭的教堂（保加利亚）⑨龟安寺石庭的庭院石（京都）⑩上贺茂神社、庭院中的庭院沙（京都市）⑪～⑬ Agbar大厦（巴塞罗那）⑭同上：平面、剖面图 ⑮同上：总平面图 ⑯同上：绕楼巡视

等是后者的典型。两种手法同时使用也并不少见，比如在楼梯井、中庭、广场的中心放置伫立的雕刻、象征柱等(⑥～⑧)。

日本人在布置庭院时常常会把一块较大的石头放置在特定的位置上。这些“庭院石”、“庭院沙”一方面作为神的代表，另一方面也使庭院变得富有经典的韵味(⑨⑩)。在城市这个尺度中，神殿、教堂、市政厅和其他的古迹等在城市空间的中心伫立，使其具有象征性。雅典娜的帕提农神庙、佛罗伦萨大教堂、纽约的帝国大厦，当今的巴塞罗那Agbar大厦等都是典型事例(⑪～⑯)。

◉——“高高耸立”这个手法，在古时用于通过使身体离开大地,从而在敌人面前得以保护自己(①)。另外，伴随着神的概念的诞生，人们生活的地面向天空的指向性被强烈地表现出来了，那既是人们对神的敬畏，也是人们象征与神联系的表现手法(②③)。并且，这种手法一直与人们对神的欲望有关，欲望的实现就是获得神一样的视觉，在视觉上支配世界，因此出现了象征权力的建筑(② ~ ④)。另外，这种手法是根据当时最尖端的技术而实现的(⑤)，特别是近代以来出现的摩天大楼、超高层楼群，是为了提高资本主义原理规定的建筑不动产价值，以高效的生产性为目标运用

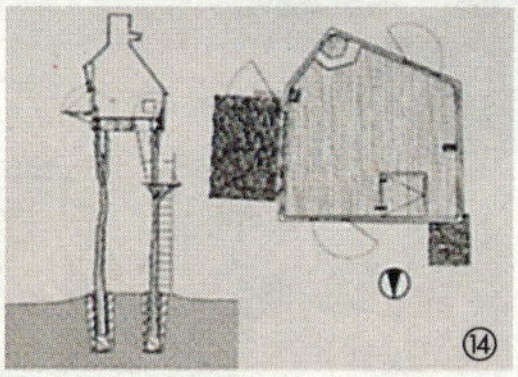

①三内丸山遗迹的埋柱式建筑（青森）②蒂卡尔遗迹的神殿（危地马拉），玛雅文明最大的遗迹 ③圣多姆斯大教堂（克罗地亚）④姬路城 ⑤埃菲尔铁塔（巴黎）⑥芝加哥论坛报总部方案 ⑦玻璃的摩天大楼 ⑧帝国大厦（纽约）⑨圣玛丽斧街30号（伦敦），作为一家保险公司的中心，充分考虑了周围环境 ⑩～⑬高过庵（长野）的高空小型茶室，将栗子树的树干插入地上挖掘的洞中建成的 ⑭同上：平面、剖面图 ⑮岩宫（也门），安装着彩色玻璃窗

这个手法的。在这样的状况下，也有通过运用这样的手法，把建筑家的思想直接表现出来的事例(⑥⑦)，甚至有因为以追求某种合理性为目标，而被解读为资本主义的象征的情况(⑧)。

今天，由于建筑技术的不断进步，使用这种方法的建筑的存在方式是多种多样的。比如，有利用仿佛融入天际的消失点来表现高度的建筑。另外，还有些建筑通过追寻使用这种手法的根本意义，使人感受到一种浮游感或是舒适的眺望感等很朴实的感受（⑨～⑮）。

1

伫立

伫立于周围

◉——通过在周围竖立柱子等构造物，可以在内侧创造出广场和领域等空间，这原本就可以称之为最初的空间构成之一。运用这种手法，可以使内侧产生一个暗示着中心的领域。

伫立于周围这种手法并不只是建出一个有庇护性的某种日常空间而已，也是创造神圣的空间、具有意义的空间等的手法。在非日常空间中，代表着神的日本“神篱”就是其代表(①～③)。

根据“周围”的划定方法或场、领域的大小不同，所得到的空间性质也有很大不同。在中庭的建筑尺度中，根据周围的划定的方法，将会获得庇护

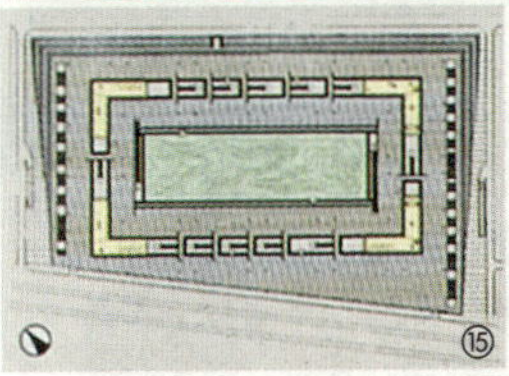

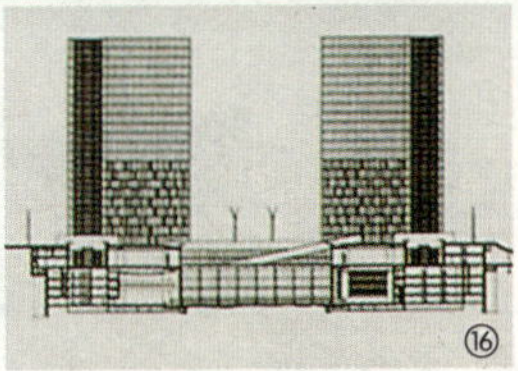

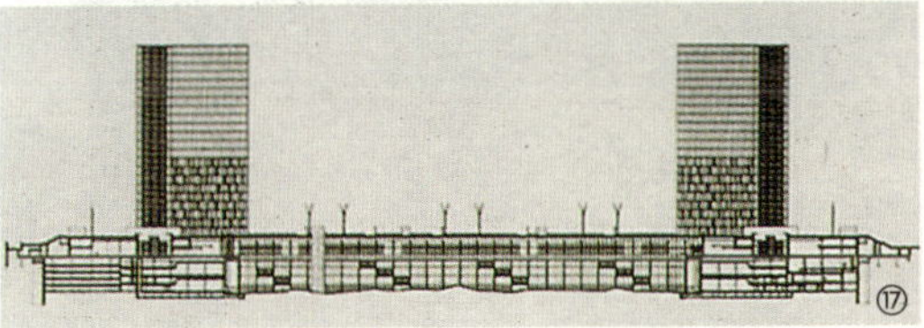

①伯伯尔人的灶（撒哈拉沙漠）②帐篷内部（蒙古）③神篱（日本），坑和界绳所形成的空间④哈桑二世清真寺的广场（摩洛哥）⑤孤儿院的中庭（佛罗伦萨）⑥星期五的清真寺（乌兹别克斯坦），清真寺入口的中央领域⑦⑧阿塔图尔克陵墓（土耳其），有明确界线的象征空间⑨万里长城（中国）⑩瓦拉纳西的下水道设施（印度），恒河岸边⑪法国国家图书馆（巴黎），在四周建造建筑，制造森林的感觉⑫⑬同上：中庭 ⑭同上：仰视⑮同上：中庭平面图 ⑯⑰同上：剖面图

性高的封闭领域或者是开放性高、既可称为外部也可称为内部的灰空间(④～⑥)。也有通过在周围建立建筑物或列柱等，创造出巨大的广场的事例，这是在象征性地表现崇高的权力和宗教意义等(⑦⑧)。

这种手法，也有被用于创造建筑和城市的中间领域的场合。作为典型事例的法国国立图书馆，在保持与城市的连续性的同时，在周围建有塔状的建筑，向人们再现了城市中的森林(⑪～⑰)。

在城市尺度中，作为城市的防御会有城墙和瞭望台等，另外要是在城市边缘建立基础设施等，就会创造出奇特的风景(⑨⑩)。

◉——“林立”这个手法，古时在伊斯兰建筑中很常见，清真寺的空间就很典型。在伊斯兰式空间中清真寺是一种神圣的场所，经常被暗喻成森林。暗示着水的存在的森林，对于缺水的沙漠来说如同绿洲一样是生命的象征，而运用林立这个手法可以使空间有森林一样的感觉，科尔多瓦清真寺就是其典型(①)；还可以看看波斯波利斯的百柱间和卡纳克神庙的大多柱室。有时为了使神或国王显得更强大、崇高，会有意使用“林立”这个手法，这种时候经常也要配合广度、高度、方向等的设计(②～⑤)。林立的空间在超越建筑尺度的村落、城市中也能见到，也门的希巴姆、荷台

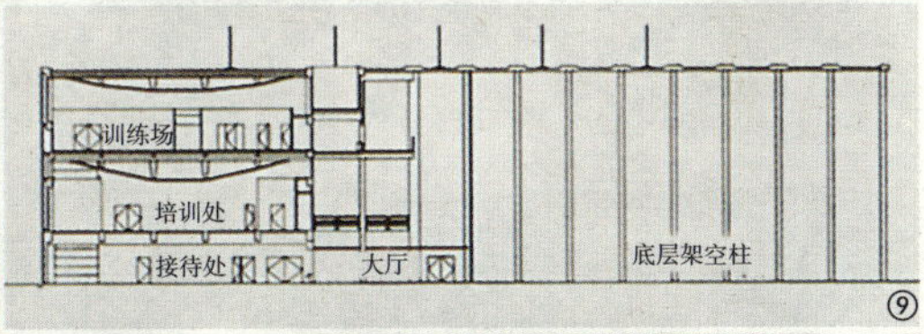

①科尔多瓦清真寺（西班牙）犹如森林般的林立立柱②亚格拉城内的列柱（印度）。中庭和城内的中央领域③卡纳克神庙的大多柱室（埃及）④拉巴特的石柱（摩洛哥）⑤奇琴伊察玛雅城邦遗址的列柱（墨西哥）⑥荷台达（也门），山顶的岩床上塔状的住宅林立⑦⑧冈山西警察局，有森林般感觉的门前广场空间⑨同上：剖面图⑩约翰逊制蜡公司总部大楼（美国）⑪四十柱宫入口（伊朗），别宫和前庭之间林立的柱子⑫林立的雕塑（巴黎）⑬林立的喷泉（巴黎），德芳斯地区的广场空间

达等都是例子(⑥)。

近现代的建筑也有意参照以前的这种手法，但是由于运用了新的技术和材料，给我们带来了截然不同的林立空间的感受，冈山西警察局就是典型事例，这里把门前广场的空间设计得像森林，引导人们进入内部(⑦～⑨)。

另外，“林立”这个手法，在城市空间中，在雕塑和喷水池等多样的空间设计中都可以利用(⑫⑬)。

◉——众所周知“连续伫立”这个手法是古今中外都可以普遍见到的方法。通过连续伫立墙或柱等来围合具有庇护性的场所、领域，是空间获得的原点。另外，在这些场所、领域之间的道路空间中，也常用列柱等连接空间，这是一种不仅具有安全性和功能性，同时还具有舒适性和象征性的空间手法，通过连续伫立柱子等而产生的有魅力的空间往往是道路空间。连续伫立能够产生一种让人切身感觉到方向性和时间性的空间，在日本，牌楼连续伫立的伏见稻荷大社，列柱连续伫立的长谷寺的参道空间等都是其典型事例(①②)。在伏见稻荷大社，连续伫立的牌楼的空隙中树影随风

①伏见稻荷大社的连续鸟居*（京都市）②长谷寺（奈良）③马诺雷勒园林（摩洛哥）④哈桑二世清真寺（摩洛哥）⑤毛利家墓地（荻市）⑥杰拉什的露天剧场（约旦）⑦巴尔米拉（叙利亚）⑧～⑪广州国际机场（中国）⑫同上：剖面图

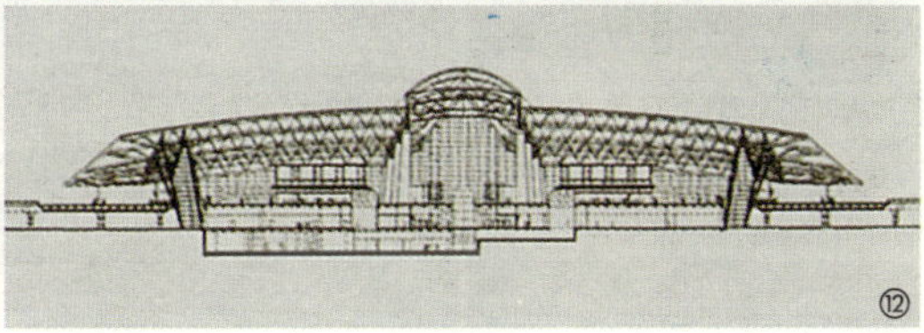

摇摆，让人体会到一种很特别的空间感受。具有同样魅力的道路空间在其他国家也有很多，比如在庭院内的道路上连续伫立蓝色的列柱，围合得到神圣空间的回廊等，数不胜数(③④)。

连续伫立这个手法，对于创造象征性空间也非常有效，牌楼和墓碑连立的毛利家墓、采用列柱空间的杰拉什的露天剧场和巴尔米拉等都是其典型(⑤～⑦)。这样的手法，在许多现代建筑中被原封不动地挪用，不仅仅是公共设施的入口空间、广场空间，从住宅到机场等各种各样的空间中都能使用(⑧～⑫)。

* 鸟居：一种牌楼，由一对粗大的木柱和柱上的横梁及梁下的枋组成。——译者注

①

②

③

④

⑤

◉——用自然覆盖建筑物这个设计手法可以分为两大类，第一是与地形一体化，第二是建筑绿化。与地形一体化又可分为将建筑物埋于地下或斜面中(④)和用土覆盖建筑物并种植植物来模拟自然(① ~ ③⑤⑦⑧)这两类；建筑绿化的代表手法则是屋顶绿化。

但是，屋顶绿化并不完全是设计手法，它是作为对大城市热岛现象的解决方案而被关注并推进的。把屋顶庭院化，种植一些四季常青的花草，使其成为一种休息空间，这是屋顶利用计划的一种。但是，对于积极地把屋顶绿化作为一种设计手法而采用，就必须设计得即便不上屋顶，也能让不特

①～③澳大利亚国会议事堂（堪培拉），议事堂的大部分用土覆盖并种植上了草坪 ④窑洞（中国）⑤新美南吉纪念馆（爱知县）⑥福冈ACROS大厦 ⑦⑧岛城中央公园（福冈），在原本平坦无趣的地块上人工模拟出一种自然山丘的造型 ⑨⑩奥克兰美术馆（美国），屋顶绿化的先驱建筑 ⑪难波公园（大阪），开发利用旧大阪球场的商业、办公复合设施，最上层是借给市民的菜园 ⑫⑬YUKOTO（洛西合作社住宅）（京都市），阳台和楼梯间有很多绿化设施 ⑭⑮仓敷常春藤广场

定的大多数人感受到自然。

还有一种能让人从地面上看到绿化的组合方法(⑥⑨～⑪)。曾经有人尝试过在墙面上做绿化，但由于照顾那些植物需要大量的时间和人力，现在还不能作为一般的手法使用。虽然地锦自发覆盖的墙面也能使人心情安闲(⑭⑮)，但这严格来说并不能称为设计手法，只有人为地在阳台上积极地布置花盆等，才可以称为墙面绿化设计(⑫⑬)。

◉——顶棚由于位置太靠上，所以我们常常注意不到它，除非是经过精心装饰的，比如我们很少有人会去想象紫宸殿的顶棚是什么样子的。能使人们注意到顶棚是覆盖空间的主要要素的一种方法就是使顶棚明亮起来，用照明使顶棚变亮的方法是最常用的，但这种方法作为一种建筑设计手法并不常见。在设计阶段，考虑如何更好地利用阳光使顶棚变亮才属于建筑设计手法，在利用阳光的方法中有开天窗、开高侧窗、玻璃顶棚等做法，另外，也有根据阳光射入量来分类的。

开天窗、开高侧窗的方法，其实本来的目的是为了让墙面无法开窗取光的

⑨

⑩

⑪

⑫

⑬

①Sea Ranch Condominium的游泳池的更衣室（加利福尼亚）②阿姆斯特丹证券交易所 ③④都灵展览馆充分考虑了采光的美丽构造物 ⑤新德国议会大厦（柏林），设置在旧议会大楼屋顶的巨大玻璃穹顶 ⑥夏尔·戴高乐国际机场（法国）⑦伊丽莎白二世大英博物馆法院（伦敦），大英博物馆的巨大中庭 ⑧海洋郡办公楼（加利福尼亚）⑨⑩水晶大教堂（加利福尼亚）⑪～⑬浪速海洋时空馆 ⑭维堡图书馆（俄罗斯），无数能见到太阳的天窗

⑭

房间能有阳光射入，顶棚变亮了只是这么做带来的一种结果而已(①②)。
这几年充分考虑采光的构造体(③④)和采用玻璃顶棚的建筑在不断增加(⑤～⑬)。
在冬季很长的北欧，常常见到通过无数可以看见太阳的天窗来照亮顶棚的例子(⑭)。

◉——近代以来的建筑，为了对应平屋顶和多用途空间的要求，一般都采用平面型顶棚。但是，建筑不仅仅需要功能性，也需要给予人们丰富的感性表现，为此运用柔和形状的顶棚也多了起来。

到底什么样的形状会给人柔和的感觉？这是因人而异的，但一般由曲线和曲面构成的东西是柔和的。当然，也并不能说由曲线和曲面构成的东西就一定柔和，有些建筑会根据曲率和其他要素的组合而让人感到并不柔和（⑪～⑬）。

在曲面和曲线中有像轻质陶瓷顶棚、拱形顶棚、圆柱形顶棚、悬吊型顶

①②DG银行（柏林），复杂的曲面创造出不可思议的空间 ③④纽约肯尼迪国际机场TWA候机楼（美国） ⑤⑥悉尼歌剧院 ⑦⑧慕尼黑奥林匹克体育场 ⑨⑩耶鲁大学室内溜冰场（美国） ⑪⑫高速公路（太阳公路）旁边的教堂（意大利），运用曲线来柔和的覆盖 ⑬大泷神社主殿前殿，殿中用了许多曲面，有一种像狮子头一样的震撼 ⑭⑮日生剧场（东京） ⑯慈恩寺弥勒堂（山形市），拥有优美曲线的歇山屋顶

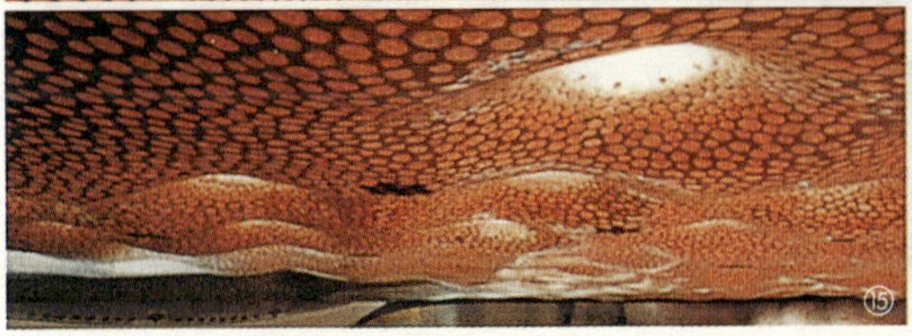

棚、壳结构顶棚那样根据力学性质决定的(③ ~ ⑩)，也有由自由曲线和自由曲面构成的(①②⑭⑮)。
由力学性质决定的曲线和曲面中，既有柔和感又带有一定的紧张感，是一种将这二者统一起来的表现方法。
自由曲线和自由曲面在顶棚中经常出现，因为顶棚对结构的制约非常小。

◉——说起覆盖，一般都是指覆盖建筑的屋顶和顶棚，但是在19世纪的欧洲出现了被称为“passages”“连拱廊”的覆盖街道的设计手法，诞生了全新的城市空间(①)。J.F盖斯特把这个手法用于走向街区内部的通道，使私有地变成公共空间(②③)。将左右对称的玻璃天窗用于移动的空间等，这个手法在日本随处可见的连廊商店街中都可以见到(④～⑥)。另一方面，美国大型购物街在白天与晚上形成了极大的反差，预示了未来购物街的形式(⑦～⑨)。

在很古老的商业街中，狭窄的道路两侧排列着二层的小楼，常常带有些许

①维克托·埃马努埃莱二世广场（米兰） ②③古姆百货店（莫斯科） ④⑤HARIMAYA桥商业街的连廊（高知） ⑥那霸商业街的连廊 ⑦～⑨弗里蒙特街（拉斯维加斯），白天有自然光照入，晚上顶部变成屏幕可以放映各种样式图案 ⑩索尼中心（柏林），有巨大的椭圆形屋顶覆盖。由办公楼、集合住宅、娱乐设施围合成的中庭，覆盖广场的大屋顶由布棚构成 ⑪～⑬绿洲21·水飞船（名古屋市），合成强化玻璃制作成的空中水盘

昏暗的感觉，但是，如果用屋顶来使其变为内部空间的话，反而会觉得这是一个明亮的空间。另外，由于它左右的对称且轴线明显，能够起到引导人们走向一个固定的方向的作用。

近年来，这种手法不仅用于马路，也有用于广场的例子，比如在高层大厦所围合出的广场的上空覆盖一个富士山模样的屋顶(⑩)，用装有水的屋顶覆盖地下广场(⑪～⑬)等，这不仅具有一种防雨的功能，更具有一种形成景观中心的功能。

①②八代市立博物馆·未来森林博物馆，由桁架构成的屋顶显得非常轻快 ③④英国皇家植物园棕榈厅（伦敦）⑤慕尼黑奥林匹克体育场 ⑥新德国议会大厦（柏林）⑦广岛KUREDO•PASERA综合商业设施。覆盖了一层木材制作的轻盈屋顶 ⑧伊丽莎白二世大英博物馆法院（伦敦）⑨⑩伦敦动物园的大鸟笼，四面体的框组合成浮于空中的构造

◉——构成覆盖的东西，可以是覆盖内部空间的顶棚或是提供掩蔽的屋顶。对于屋顶和顶棚各自的详情在这里就不详谈了，但为了对应现代建筑需将内部空间的形状表现于外部这一要求，出现了一种将顶棚和屋顶合而为一的新设计手法。在现代建筑发展的初期，这种手法由于使用了铁和玻璃而发展起来(③④)，现代人们的价值观、审美观从厚重宏大转向了轻快短小，因此这种将顶棚和屋顶合而为一构成的很轻快的方式逐渐多起来(①②⑥ ~ ⑧)，一般统称为轻量建筑。

要想使建筑，特别是屋顶看上去轻快，必须依赖特定的材料和技术。构成

⑤

⑥

⑦

⑧

⑨

⑩

覆盖的材料可分为构造材料和修饰材料，构造材料主要是金属材料（钢铁、铝等），修饰材料会使用金属、玻璃、高分子材料，在技术上有桁架构造、拱券、悬吊结构(⑤)、壳结构。

作为将屋顶轻量化的设计手法，尽可能使材料细一些，边缘薄一些，另外还可以通过镂空的方法来降低重量感和存在感。

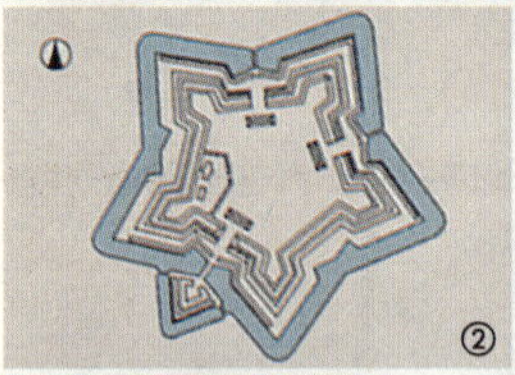

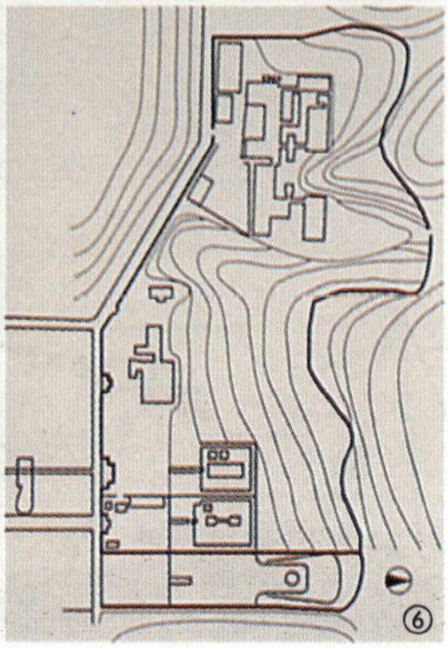

◉——“围合”就是为了防守各种外来侵略而想出的方法，另外，围合也有区分内外、区分各种风格的作用。为了达成目的，把场所、建筑、街道严严实实地围起来的方法非常有效，这样子的“整体围合”，从古代就开始在各种场合灵活运用。通过围合全体，能够防卫来自外部的攻击，阻止侵入者，能更有效地把握、管理内部的领域，特别是对于城堡、宫殿等中心市区的围合可以强调其象征性(① ~ ③)。另外，大多数的建筑和人口密集的城市一样拥有一定广度的区域，被围合的内侧空间更能体现其优越性(⑦ ~ ⑨)。

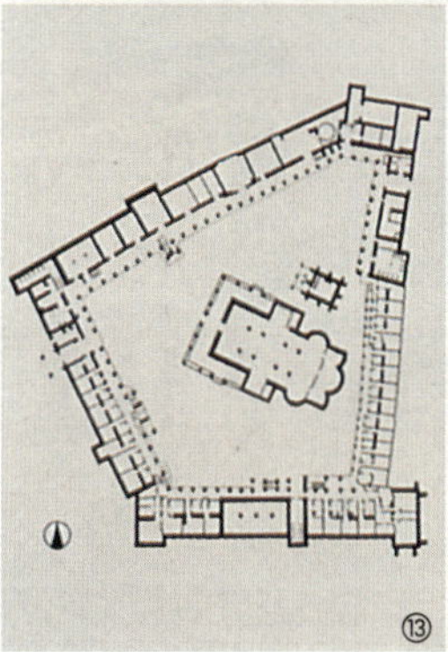

①③五稜城（函馆市），五角形美丽的城镇，用宽阔的水渠和两侧的绿地围合 ②同上：平面图 ④⑤旧闲谷学校（冈山），将延伸的校园用低低的石墙围合 ⑥同上：平面图 ⑦～⑨杜布罗夫尼克（克罗地亚），用石墙围合中世纪的整个城市 ⑩⑪约克（英国），围合旧市街的城墙两侧 ⑫利拉修道院（保加利亚），中央的教堂在内侧用回廊围合 ⑬同上：平面图

这种场合下，因为防卫功能的要求很高，用于围合的方法和素材等都要求有很好的强度，城墙要又高又厚地堆砌(⑩⑪)，护城河要挖得很宽(①)，这些东西的一部分残存至今，成为那一区域的代表。近些年，住宅或学校等小型设施中，作为防范对策，用栅栏、墙等围合用地的倾向很强，但是，这种手法断绝了内外的关系，可能会产生隔离和孤独感等其他不利因素。所以，必须具备灵活分析目的和状况而进行设计的能力。

①

②

③

④

◉——“围合”本来的意义是用来区分内部和外部、他人和自己的空间，但是在围合的方法之中，除了那样严格的围合之外，也存在柔和的围合方法。当防卫内部空间的目的不很重要时，后者的方法可以提供更多的可能性，比如在分割同时保持连续，创造自然的独立空间，从而使人感觉柔和，使内部和外部产生关联性等。用有透明感的材料柔和围合的建筑，可以使质地均匀而单调的内部空间产生变化(①②⑪⑫)，另外，根据建筑的形态和布置，在空间上制造轻微的封闭感，可以提供让人安心而放松的环境(③ ~ ⑩)。在广场和公园等人们聚集的外部空间中，除建筑以外还可

①马头町广重美术馆（栃木），通过木制的走廊缓和内外空间 ②同上：全体景观 ③④皇家新月楼（英国），柔和曲线描绘出的建筑使外部空间被缓和的围合，产生舒适的空间 ⑤⑦⑧MOTO渔港（福山市），沿着有弧度的地形发展的历史街区缓和地将大海围合 ⑥同上：地形图 ⑨慕尼黑奥运会主会场（德国），用观众席柔和围合的体育场 ⑩牧野富太郎纪念馆（高知市）用回廊和建筑围合成的中庭 ⑪爱马仕大厦（东京），将光柔和传入的玻璃外墙 ⑫同上：夜景

以根据树木的布置和地形设计来创造柔和的围合，不那么分明的东西有时反而可以让人产生好心情。

①③同润会公寓施工时的临时围合（东京），同时还在尝试垂直绿化 ②同上，施工前的样子：④勃兰登堡门（柏林），用透过性素材做成集合住宅的样子 ⑤同上：本来的样子 ⑥神户MEDITERRASSE（神户市），描绘新大楼的印象 ⑦同上：竣工后的样子 ⑧完全覆盖住建筑的脚手架 ⑨工程的临时围合（阿姆斯特丹）展示着街区的历史图片 ⑩新宿车站南口再开发工程的临时围合 ⑪传达信息的墙面（大阪）⑫同上：竣工后的样子

◉——由于特定的目的，把空间或物体临时用某种材料围合起来，这里称之为“临时围合”。把广场或道路，公园或庭院等空间的一部分围合起来时，里面可能正用于和通常不一样的场合，比如各种节目和比赛等。临时围合的设计，由于没有恒久性而非常单纯，虽然设备可以简单地移动，但的确可以创造出某种特别的空间，可以说临时围合使空间的用途更广泛了。

再说说临时围合物体，这通常用于对建筑或工程、门或塔、艺术品等进行大规模维修的时候，其目的是出于安全的考虑而临时将施工现场与周围隔

⑥

⑧

⑦

⑨

⑩

⑪

⑫

离。因此，用铁板、板墙、金属丝网、布帘等就足够了，但是最近在人来人往的都市中心的施工现场，可以看到经过精心设计的围合了。那些设计变化丰富，也充分考虑了街道景观(①③)，有让人以为这里建了一座新建筑的(④⑥)，有表现了街道历史或时代的(⑨)，也有信息性很强的艺术作品(⑩～⑫)。另外，有些脚手架虽然不是某种临时围合，但也给人一种将建筑围合起来了的感觉(⑧)。因为这些都只是临时性的，因此就算是冲击力很强的表现手法也可以很容易地融入周围的环境中。

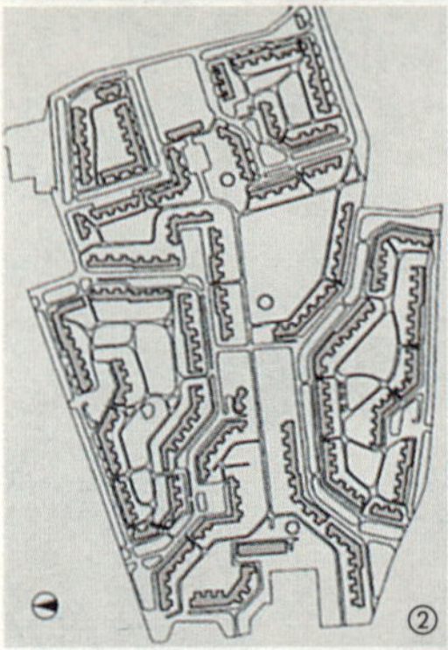

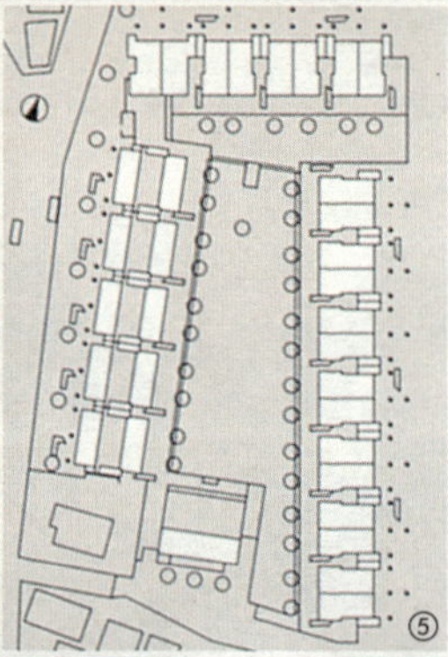

①大阪府营八田庄住宅区（堺市），用巧妙弯曲的住栋布置来实现大规模的围合，创造出居住者共有的空间 ②同上：平面图 ③④熊本县营保田窪住宅区（熊本市），在用地外围布置住栋表现出很强的领域 ⑤同上：平面图 ⑥～⑧神户中华街，入口处的大门表现出了中华街的繁华与热闹 ⑨⑩旧武町家的长街（金泽市）。用统一的黄色墙壁和冬日的菰（以稻秸稀疏编织的粗草席。译者注）来营造很强的领域感 ⑪⑫稗田环壕集落（大和郡山市），现代整修过的保存完好的环壕 ⑬～⑮番条环壕集落（大和郡山市），没修整过的残存环壕与残留街道并存

◉——人类从很久以前就开始在自然中创造自己的领域，初期仅仅是居住的村落。为了防守外敌，人们会建造墙等物理性实体来围住村落。到了近代社会，个人或团体会在周围建造栅栏等来表现自己的领域。

表现领域的方法，除了物理的围合之外还有几种办法。比如各地的中华街都会在领域的入口设立明显标志(⑥～⑧)，这是一种方法，还有将领域内的道路或门、墙等设计得统一而独特的方法等(⑨⑩)，但大多数还是选择围合周边。集合住宅常把楼建在用地的外圈，而在内部形成一个领域(①～⑤)，环壕村落(日本弥生时代的村落。营建在周围有壕沟环绕的丘陵上。壕

沟断面多呈V字形，有防卫作用。译者注）用水沟围合(⑪～⑮)，城堡用石墙围合，创造领域的内在动机和外在表现是表里一体的，互相的存在有很强的关联。

①

②

③

④

⑤

◉——创造建筑环境时，在中央创造一块空无一物的空间能够表现出中心性和象征性，比如体育竞技场和演出会场，可以从周边观看在中央举行的活动(① ~ ④)。规模越大，人数越多，空间的尺度就越大，这样就会超越作为构造物的建筑尺度，从而出现一种独特的氛围，即便是临时使用的时候，中央空间所具有的效果也不会改变。欧洲古城的城市广场是由建筑围合而成的中央空间，它不仅是城市的象征空间，作为城镇中心，也被用于市民集会、文娱活动、临时市场等(⑪⑫)。小规模的中央空间的例子有大学的中庭和(西班牙式)居住建筑的天井等(⑤ ~ ⑩)，这里是被设计为

⑥

⑦

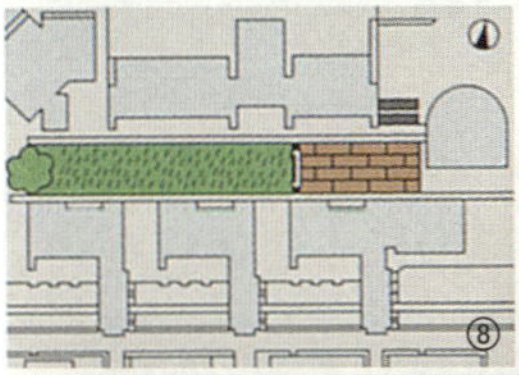
⑧

⑨

⑩

⑪

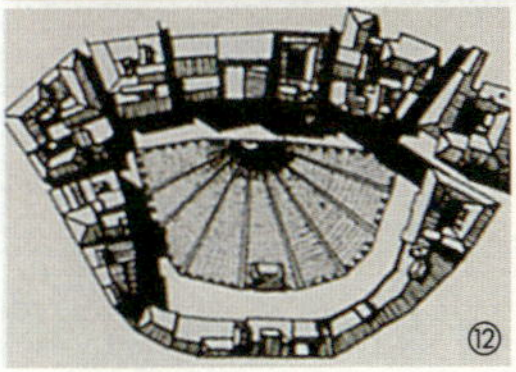
⑫

①②钦琼马约尔广场（西班牙），周围围合的建筑群，在有大型活动时作为观众席面向中央 ③④古罗马斗兽场（罗马），观众席围合出作为竞技场的中央空间 ⑤剑桥大学（英国），各校舍以中庭为中心建造 ⑥⑧神户艺术工业大学（神户市），大学的中心，中央广场 ⑦博多运河城（福冈市），巧妙的多用途中央广场 ⑨岛根县艺术文化中心（益田市），用回廊围合的广场 ⑩伊斯兰式中庭（西班牙），居住空间的中庭 ⑪⑫坎波广场（意大利），中央空间

学生或家庭聚会的场所，可以称为户外的起居室，是独立性很强的空间，中央空间的成立和变化取决于其与周边空间的关系。

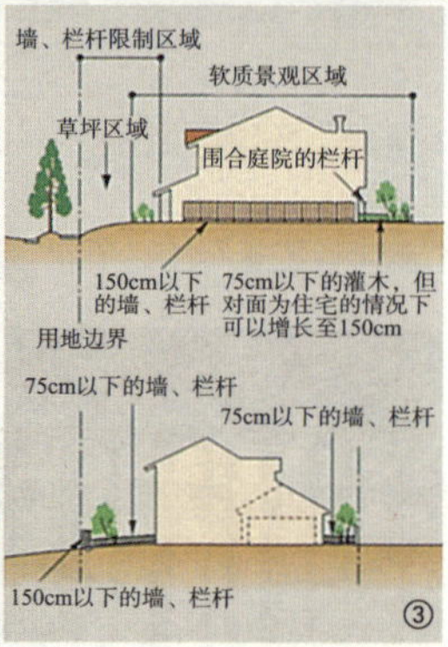

①②华盛顿村别墅区（三田市），在用地前面不遮挡，产生良好的共通空间 ③同上：建筑的规范 ④⑤北美的郊外住宅（加拿大）⑥⑦鲁汶新镇（比利时），城市和大学之间没有明确的界线，而是交融在一起 ⑧打濑小学（千叶），地区的公路直接进入小学 ⑨同上：平面图 ⑩同上：教室和走廊的没有墙壁的室内空间 ⑪同上：与社区相交融的学校庭院 ⑫同上：学校和公园的接点 ⑬吉备高原小学（冈山），教室内的样子从外面可以看见 ⑭同上：通向地域的联络

◉——在建筑或村落、城市的设计手法中，为防御外敌而在周边进行物理性围合是通常的手段。然而虽然随着社会的近代化，城市或村落等已然不再围合了，但用途单一且容易遭受攻击的学校或独栋住宅等还是很重视围合的，甚至本应该是开放空间的公园，出于安全性的考虑也需要围合。但围合会使空间很封闭，同时也会减弱人们之间的联系，在最近的设计事例中，渐渐出现从设计阶段开始有意地不在边界立墙或栏杆的被称为“不围合”的设计手法(① ~ ⑦)。“不围合”这个手法的优点是内外连续，可以看到相互的样子，利用心理手法使外来的入侵变得困难从而达到防卫的目

⑧

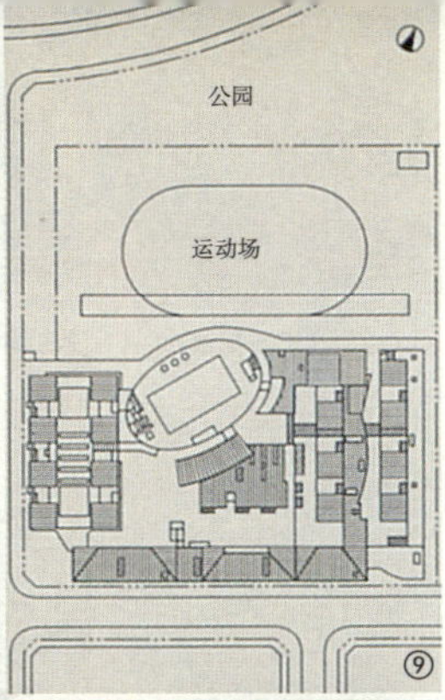

⑨

⑩

⑪

⑫

⑬

⑭

的(⑧⑨)。另外，人们见面的机会增多，自然联系也会变强，有更多的交流，更进一步，住宅和住宅之间、住宅和学校之间(⑪)、学校和公园之间(⑫)等，如果都没有围墙，就可以更好地关怀彼此，对地区社会和地域的附加值都有正面效果。这件事不仅针对用地的边界，也能用在建筑内部的空间上，可以尝试打通教室之间(⑩)的墙。

4

堆积

堆积相同要素

①

②

③

④

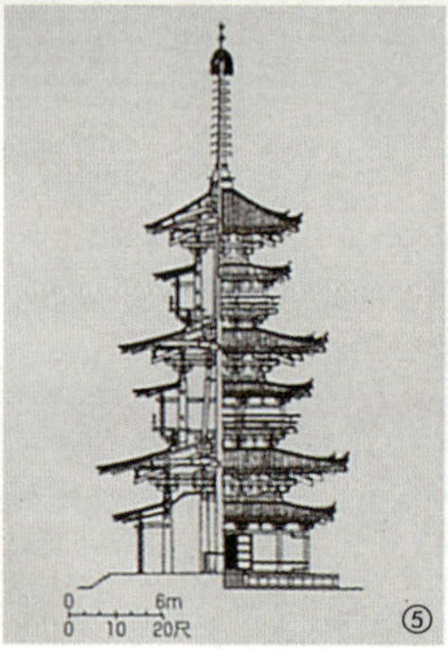

⑤

⑥

◉——建造更高的建筑是人类有史以来的梦想，也是人类的欲望之一。作为宗教或权力、技术的象征，人们从古代开始就喜欢建造以金字塔为代表的那种有纪念意义的塔，现代的超高层建筑也因为具有纪念性而具有强烈的存在感。随着技术和材料的开发、发展，我们能建造更高的建筑，建筑表皮设计也变得多种多样，在城市景观中变成地标性建筑，抬高着城市的身价。在这里，重点介绍反复堆积一定体积的设计手法和通过外表的表层材质和纹理来演绎丰富立面的手法。

把柱子和开口等作统一化处理形成一个标准层并把它重复堆积的例子有很

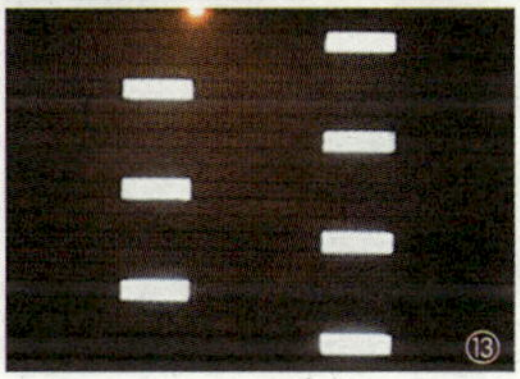

①东京索菲特酒店 ②比萨斜塔（意大利） ③中银舱体大楼（东京） ④⑤药师寺·东塔（奈良），称为“裳阶”的小屋顶的三重塔 ⑥谈山神社·十三重塔（奈良） ⑦正仓院（奈良），用断面是三角形的木材构成，用木头的收缩保护库内的宝物 ⑧路易·威登高知店 ⑨爱马仕大厦（东京），玻璃外立面白天晚上变化很大 ⑩中城城址（冲绳）。在标高167米的高台上的石头城墙 ⑪芹沢桂介美术馆（静冈） ⑫⑬石美术馆（枥木），堆积当地特产的芦野石

多(① ~ ⑥)，从建筑全体看，由于把同一个设计在各层重复堆积，可以使统一感中又富含很强的节奏感，从而给予了立面一些变化。

另外，从墙面等的构成来看，在由同一材质堆积构成墙面的木建筑、砖建筑、石建筑中，即使用同样大小、形状的东西，也可以根据堆积方法的不同给人以不一样的表面印象(⑦⑩⑪)。在现代，由于使用玻璃等各种各样的材料，可以产生更多样的立面(⑧⑨⑫⑬)。

①

②

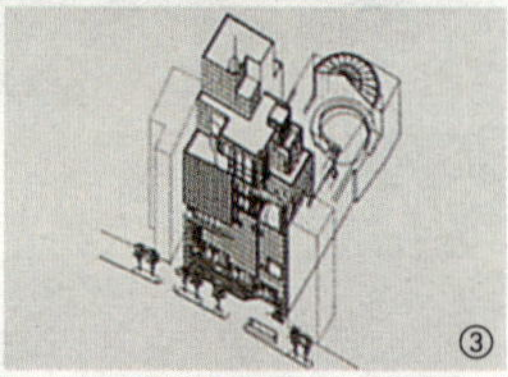
③

④

◉——建筑，可以通过堆积各种不同的要素、素材来酝酿出丰富的表情，通过堆积不同要素形成的外观形态，和表现出屋顶或构造的“功能”的形态与“装饰”都绝不相同。建筑的形态是由建筑的功能和艺术设计所均衡后确定的，作为设计手法，为了使要素有机的结合，有从全体出发融合的方法，也有将各要素对立而使外观很有个性的方法。螺旋就是一座既“对立”又“统一”的建筑(②③)。

在历史建筑中，经常运用雕刻、绘画等有意义的装饰要素，即使是不懂那个国家的语言和文字的人，也能明白其中的含义(④～⑥)。近代建筑，由

①大和国际公司（东京），让人联想街道和村落的复杂造型 ②③螺旋（东京），后现代主义的代表作，堆积圆锥等几何形态构成 ④古罗马斗兽场（意大利），从下往上三层用不同样式（多立克式、爱奥尼式、科林斯式半圆）的方柱以及最上面的科林斯式方形壁柱构成 ⑤⑥帕坦的杜尔巴尔广场（尼泊尔），旧王宫广场 ⑦⑧立方米家（鹿特丹）⑨本愿寺飞云阁（京都市）⑩⑪直岛町公务所（香川），引用桃山时代的杰作“本愿寺飞云阁”的设计

于注重表现功能，形成了均一的外观，另一方面，由不同要素堆积而成的建筑，建筑的身份性非常强，从而作为一种富有个性的自由表现手法被运用。风土设计、堆积特殊形态而来的建筑、多种形体复合而成的建筑等，由于堆积要素而出现了许多凹凸之处，使建筑立体感增强(①⑦ ~ ⑩)，在不同视点观看将有很不一样的视觉感受。

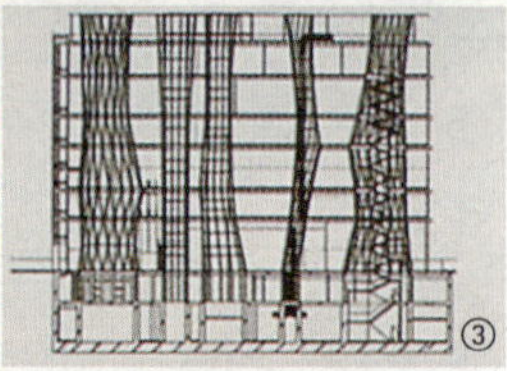

◉——在城市中，从古代到现代，人们为了在有限的空间中获得更大的建筑空间，经常将空间层状堆积，这种方法有时在带来节奏感的同时，会产生一种向上挺拔的感觉，有时会因为运用反复单一的功能而产生有统一感的城市空间。为了使之成为能够给城市空间带来魅力的表现手法，我们所要做的不仅仅是把单一的“层”累加，而且要注意表现有特征的设计或构造，甚至连开口处进入的光线都要下工夫研究，这样就能创造富有变化的外观造型，以及多样性的城市空间。(① ~ ⑥⑩)。

由于建筑是一层一层的，在获得了内部空间的同时，空间也被分离成了一

①～③仙台多媒体图书馆，用十三根钢管支撑的结构，好似海草一样的形态 ④米拉公寓（巴塞罗那） ⑤⑥香港汇丰银行（中国） ⑦马赛公寓（马赛） ⑧⑨旧正宗寺三匝堂（会津若松市），台阶是双重螺旋的，上下交通流线不交叉 ⑩香川县政府办公楼，采取日本传统建筑中对线的设计，用阳台扶手来强调水平线的层次，是日本近代建筑的代表作 ⑪～⑬古根海姆美术馆（纽约）

层一层的。作为将分离的空间联系起来的方法，出现了中庭或前厅，两者将空间一体化，再加上使用楼梯或坡道作为纵向联络线，这种手法便产生了一种看与被看的关联性，空间拥有了活泼的流动性和透明性，被分离的空间就变成了很有魅力的空间(⑪～⑬)。相对水平堆积这种常见的方法也有一些比较特别的堆积方法，比如螺旋状堆积，把坡道原封不动地照搬，得到外观奇特的活泼空间(⑧⑨)。

①

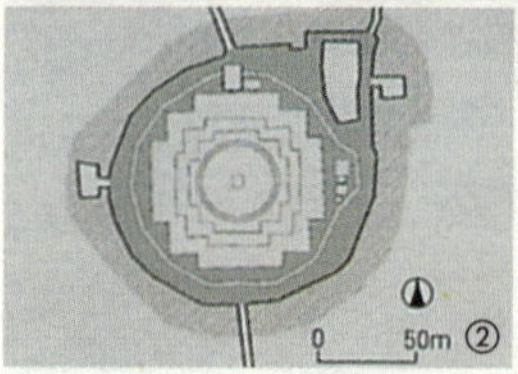

②

③

④

◉——堆积于基座这种手法，可以提示出在基座之上的东西是很特殊的东西。上层建筑和基座的阶层性和排列等，可以诞生象征性和威严性等，还可以垫平不平整的地形，使建筑建造在坚实的基础上，在构造上获得安定性，在形体上区分功能。

建于基座之上的建筑由于比其他周围的建筑要高，宗教的权力性和象征性等就会非常高，所以常常会让人感觉基座所放置的位置就是神圣的场所，在那之上的巨大建筑有着非常强烈的宗教性。建造在将整个广场都覆盖了的基座上的博达哈佛塔，还有建造在石头基座上的印度教建筑吴哥窟都是

①②博达哈大佛塔（尼泊尔）。尼泊尔最大的舍利塔 ③巴塞罗那博览会德国馆（西班牙）④吴哥窟（柬埔寨）⑤黄金寺（尼泊尔）⑥张开的手纪念碑（印度），柯布西耶设计的纪念碑唯一一个实现的 ⑦麒麟广场（大阪）⑧姬路城 ⑨新丸之内大厦（东京）⑩萨迈拉市大清真寺（伊拉克），螺旋状的宣礼塔现在只有开罗和萨迈拉能够见到 ⑪筑波中心，后现代主义建筑的代表作

有代表性的例子(①②④⑤⑧⑩)，作为小尺度的实例，可以列举出王座、祭坛等很多很多例子。

即便是现代建筑，这样的手法也可以带来很强的象征性，比如城市中心、地标建筑等(⑥⑦⑨)。在现代建筑中，基座部分和上层建筑完全不同的例子也有很多。

这种手法给人以安定感，并强调出象征性和威严性，将复杂的功能和要素聚集于下部，作为外观设计和集中空间的手法被使用(③⑪)。

◉——作为人类欲望或者说是权力的象征，从古代开始，人们就在钻研让建筑建得更高的技术。由下至上笔直冲入天空的建造技术并不容易，更常见的是由下至上一点一点稍稍错开的方法(④⑥)，这样不仅可以让建筑显得更高，还可以带来安定感。

在现代，有沿着地形边错位边上升的形式(⑤⑨～⑪)，还有些建筑考虑了城市景观和环境而采用了阶梯式后退的形式(②③)。作为特例，甚至有些建筑是下小上大，采用倒阶梯式(①⑧)，这样会给人以视觉上的不安定感，从下面观看有着极强的压迫感，感觉头上的体块带来了压迫力。另

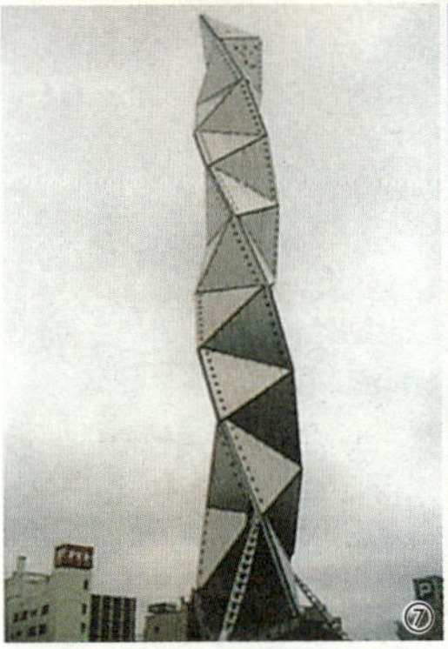

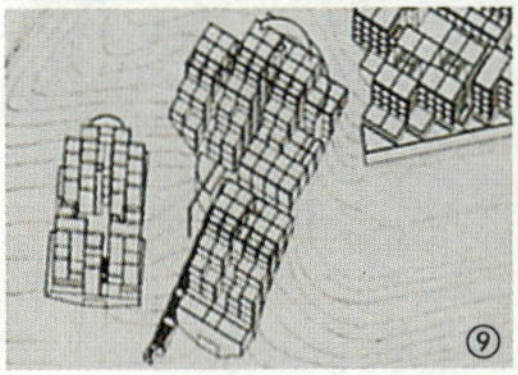

①熊本北警察局，在上层最大的空间中布置剑道场、柔道场等大空间 ②③福冈ACROS大厦，基本构想由Emilio Ambasz完成，其理念是将旁边的天神中央公园与本建筑的绿化连接起来，是一个与周围环境充分结合的建筑 ④蒂卡尔遗迹（危地马拉）密林中玛雅文明的最大的遗迹。像是冲入天空的感觉 ⑤老年人公寓“Life in 京都” ⑥吉萨金字塔（埃及）⑦水户艺术馆，将边长9.6米的正四面体边错开边向上堆积的百米高塔 ⑧OTA HOUSE MUSEUM（群马）⑨~⑪六甲的集合住宅（神户）

外，还有一种边扭曲边错位向上的手法，这在外观上给人带来了很活泼的感觉(⑦)。错位向上这种方法虽然在获得空间方面并不是有效率的手法，但却能生成有魅力的、多样化的空间。

比起垂直向上的手法，这种错位向上的手法可以更好地融入环境之中，可以通过建造屋顶广场的方式解决上下层的关系，并且可以充分保证日照，特别适合解决集合住宅中的各种居住环境问题。

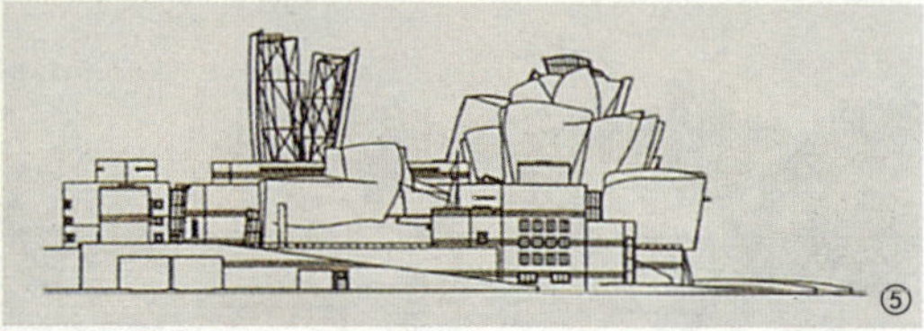

◉——随意就是“无道理，无原则，无作为”，换句话说，随意堆积就是将建筑各部分不按任何规律堆积起来的一种建筑构成。

古代，建筑在构造上追求安定，对于追求建筑更高、更坚固的古代来说，随意堆积就意味着建筑的崩溃。然而在今天，这个手法成立的背景不用说大家也都知道，那就是建筑技术的突飞猛进。现代建筑颠覆了以前所谓的建筑物的概念，建造出了足以让人驻足观看的奇迹般的建筑，使人过目难忘。这样的建筑虽然造价惊人，但仅仅是观光所带来的收入就足以弥补造价的损失了(① ~ ⑤)。

①～④毕尔巴鄂古根海姆美术馆（西班牙），建筑本身就作为一件巨大的艺术品而被人们欣赏着 ⑤同上：平面图 ⑥河内空间集合试验（越南），像积木一样随意堆积的，展开了多样的住宅空间 ⑦HABITAT67集合住宅（加拿大），用于万国博览会的装配式住宅。用了宽5.3米长11.7米高3米（186立方米）的354个箱子（70～90吨）组成了158户住宅 ⑧⑨布谷大厦（东京），挑战人类视觉平衡感的立面设计 ⑩ORUGANN Ⅰ＆Ⅱ（京都），很随意的突出部分带来了很生动的“表情”

在随意堆积中，有把整齐的箱子状单元随意布置的(⑥⑦⑩)，还有把本来造型就很随意的单元凌乱布置的(①～⑤)。这些随意的堆积，使本来静止的建筑物产生了表情，变成了似乎可以活动的东西。而且不只是在建筑的外观上，在建筑的内部空间上也带来了让人吃惊的新鲜空间。让体会其内部空间的人感受到一种非日常的空间感受虽然并不难，但能够影响到人类平衡感的建筑还是很了不起的(⑧⑨)。这种设计的目的，就是让人享受这种不安定所带来的刺激感。

◉——我们通过加工人手就能搬运的小单位材料，并将其组合在一起，就制造出了建筑。在远古，通过伫立柱子和墙来支撑屋顶的时候，必须掌握“组建”这项技术。在干燥的地带，固土削石的“堆积组建”技术比较发达(①)，而在温湿地带，使用木材“杆材组建”的框架技术比较发达(③④)，在立脚点很恶劣的斜面上或山崖上，运用将格子细化的方法，就可以建出沿着地势起伏的建筑(⑤)。近年来，随着基于有限元法(FEM)的解析技术的发展，利用钢筋可以建造更高层的建筑了(②)。

现代建筑经常利用模数等来制定空间单位和领域，格栅常常被强调出来

①Stepwells（印度），地下7层的梯井 ②大阪东京海上大楼，用于受力的井字形柱子 ③东大寺南大门（奈良），用梁和柱来表现出一种水平和垂直相结合而产生的美感的佛家建筑 ④吉岛家住宅（岐阜），由梁和柱等纵横交错产生的立体格子 ⑤清水寺（京都市），由139个柱子支撑起来的舞台 ⑥东云CODAN集合住宅（东京），大规模集合住宅的新形式 ⑦⑧南岳山光明寺（爱媛），用集成材料表现的样式 ⑨青山普拉达精品店（东京）⑩岐阜县立森林文化大学，技术和场地材料的融合

(⑥)。现代寺院的建造是经过对传统工艺的重新思考的，使用作为古建的抽象代表的方形木材，由同一种材料来肩负艺术性和结构支撑是很有趣而新鲜的手法(⑦⑧)。将杆材做成格子，成为镂空的墙壁，使之在作为梁和柱的同时，也拥有墙的功能(⑩)，若将水平和垂直的格子变换成斜向布置，更可以增强强度和抗震能力。这些促成了构造和功能、表层的分离，从而诞生了新的空间方式(⑨)。

①

③

②

④

⑤

◉——在力学上最合理的三角桁架，是在建造大型空间和大跨度结构时，对于单位材料来说最有效率的结构。桁架是一种通过使用杆材来减少材料的重量，同时又可以覆盖大型空间的构造。桁架在古时就曾使用于桥梁，虽然当时也对木材的用法下了很多工夫，但当钢材诞生时，桁架才真正地发展起来(①②)。

桁架技术在19世纪产业革命之后，成为了博览会建筑的象征，之后逐渐用于需要大跨度的桥梁、车站、飞机库等，经常被用于需要容纳人数较多的建筑或者具有象征意义的塔类建筑中(③)。因为可以建造大尺度的空

①锦带桥（山口）基于组木技术的五连拱桥 ②英国大铁桥现存最古老的铁桥 ③水户艺术馆由28个正四面体构成的百米高塔 ④大阪世博御祭广场，为1970年世博会而建的 ⑤我的家（东京），在地面为土地的房间中，通过可以移动的榻榻米来创造一个可变的起居室 ⑥⑦耶鲁大学画廊（美国）⑧银色住宅（东京），L型钢的轻型屋顶 ⑨MIHO博物馆（滋贺），SUS框架结构的玻璃尖塔 ⑩水晶大教堂（加利福尼亚），教堂建筑的新概念

间了，于是就产生了一种新的概念，那就是灵活机动性(④)。这即便是在住宅中也得到了应用(⑤)，随后又被挪用于中央空间中(⑧)。另外，虽然在构造上有些矛盾，但在耶鲁大学画廊的设计中，运用了混凝土三角桁架，这是个虽然伴随着许多批评的声音但还是采用了这种构造的好例子(⑥⑦)。

近年来，桁架和玻璃组建在一起，使外部和内部的关系变得暧昧，作为一种覆盖环境的装置而使用着(⑨⑩)。

◉——对于用面来创造建筑，古代就有半球形的圆屋顶(④)，像这样把材料制成拱形的面来构成建筑的方法是一种基本方法。在现代，因为钢筋混凝土的发明，用板状面来构成的事例逐渐多起来。曲面是一种近似自然的形态，非常富有诗意，比如说像悉尼歌剧院那样就像是几个贝壳踮着脚站着一样的造型(⑤)就是这样，但这样的造型必须靠一种叫做混凝土预制件的技术来支持。金贝尔美术馆的屋顶是由四根在角落的柱子支撑起来的二维曲线屋顶(②③)，在最顶端开一道缝隙用来采光，使用者在里面随着时光静静地流动，身体中的紧张得到了最大的舒缓，像这样的结构也需要很

①巴塞罗那博览会德国馆（西班牙），现代建筑的始祖，地板浮于水面之上 ②③金贝尔美术馆（美国），屋顶像是由13个拱形戒指(不镶宝石而中间高出的戒指)组成似的 ④万神庙（罗马），直径44米的圆拱顶 ⑤悉尼歌剧院，重叠的贝壳由单一球面切成的 ⑥里特维德-施罗德之家（荷兰），用不同颜色的面材构成的空间 ⑦⑧TSUDAJUUIKA（大阪），用薄铁板组成墙壁、顶棚、地板

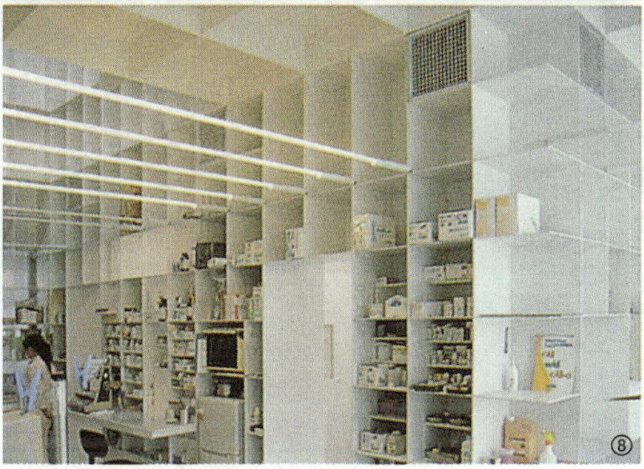

多不为常人所知的技术。

另一方面，平面材料的组建也是一种空间构成的方法。比如通过地板、墙、天花板的配置构成来营造内外交融的空间(①)，用不同颜色的面材构成空间等例子(⑥)都有着很强的极简抽象艺术的倾向。现在还出现了一种新的倾向，就是在构造体中使用铁板，把屋顶、墙壁、地板这三个要素做同一处理，因为这样做就消除了单一部位的意义，可以唤起纯粹的空间感(⑦⑧)。

◉——众所周知，所谓的“护殿”是古代建筑中为了保护重要的建筑而把其包裹起来的建筑物(②③)。近年来，作为新的美术品展示的形式，“护殿”又出现在了现代建筑中(①)。

在现代建筑中，可以从与功能的关系这一点来理解用体块创造建筑的方法。将多个形态要素组建在一起的莱斯特大学工学部大楼的设计(④⑤)，否定了近代主义的内外统一、功能与形态一致的观点，这个设计的观点是注重体块穿插、反复、结合等的建筑性操作(⑧)。

另一方面，用双层墙壁来解决场所与功能的关系的埃克塞特图书馆(⑥)，

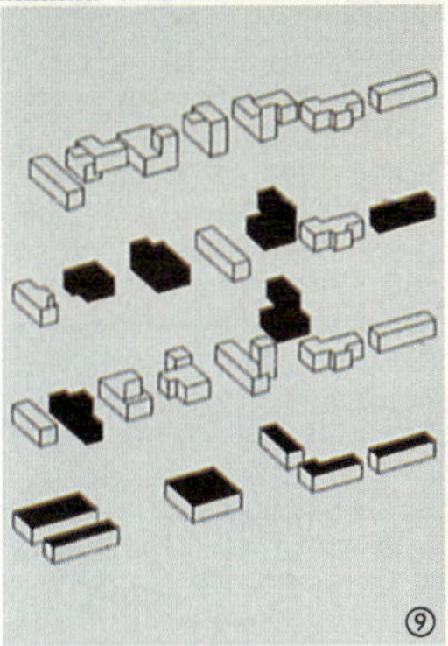

①奈义町现代美术馆（冈山），三个体块各自作为一位艺术家的展览厅 ②③平泉金色堂（岩手），现在是RC结构，但也还残存着旧堂 ④⑤莱斯特大学工学院楼（英国），由五种形态要素组成 ⑥埃克塞特图书馆（美国），一进入大厅所有的书就都呈现于眼前 ⑦东京工业大学百年纪念馆 ⑧反住器（北海道），反问、反证1972年的状况 ⑨体块分析模型 ⑩上新庄空间体块（大阪），住户单元从外部不能区分

把从观察许多城市得来的亚洲式无秩序样式作为构成手法的东京工业大学百年纪念馆(⑦)，这些都不是从平面的二维空间来考虑的，而是运用在考虑平面的同时考虑剖面的立体式思维而得来的，现在即便是在单调的集合住宅的设计中，也常运用这种方法(⑨⑩)。

①②理查兹医疗中心（美国），使用PC合成梁 ③④出云大社（岛根），采用和木结构相同的构造方法 ⑤约翰逊制蜡公司总部大楼（美国），在莲花叶子般的柱子下走动好像鱼儿一般 ⑥同上：用玻璃管一层层叠加的外墙 ⑦同上：在柱脚考虑了电气线路 ⑧伦敦劳埃德保险公司大厦（英国），将单位作为全体的特征的理论，即便在现在也很新鲜 ⑨阿拉伯世界研究所（巴黎），外立面由许多可调节大小的光圈组成，用于调节阳光射入量，光圈图案为具有伊斯兰特征的几何图案 ⑩蓬皮杜艺术中心（巴黎），无论何时都感觉身处建筑中

◉——这是一种将装置、高科技部件、即用材料组合运用的手法。出云大社的房舍用PC混凝土材料来和传统的木材相呼应(③④)，从而产生了强而有力并且极为细腻的样子，这是利用素材置换、重组的好例子；理查兹医疗中心(①②)从整体系统把构造体部件化，把服务一侧与被服务一侧的场所秩序表现得很好。另外，对于利用这种手法在追求经济性的同时也兼顾丰富性的事例，可以列举出以自然界的植物为主题的办公室(⑤～⑦)，采用干挂结构的研究所(⑨)等等。

另外，还有一种把“单位”的性质、特性、接续性发展到建筑整体的系

⑤

⑥

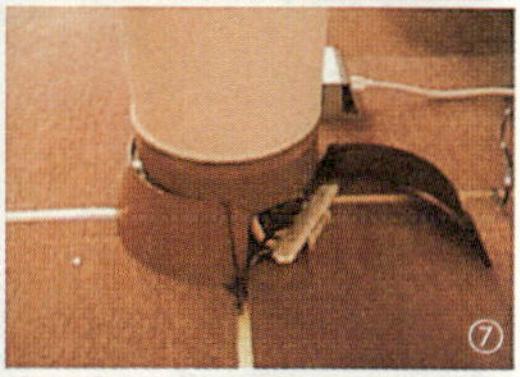
⑦

⑧

⑨

⑩

统、交通流线和设计中去的手法。还有一些在理论上保留了所有的部件(⑧)，并把所有能改变位置的部件都移动到建筑外侧，然后在内侧展开灵活的布置。同样，为了使用方便，合理安排各种部件的位置，使其在建筑中工作的顺序合理，从而省时省力(⑩)，这样的建筑被称为“后现代杂交建筑”。这种基于建筑的理性思考方式很吸引建筑师们，这也充分体现了干挂式幕墙的经济性、现场操作的合理性、高精度化等优点，为未来的施工方法带来了新的视点。

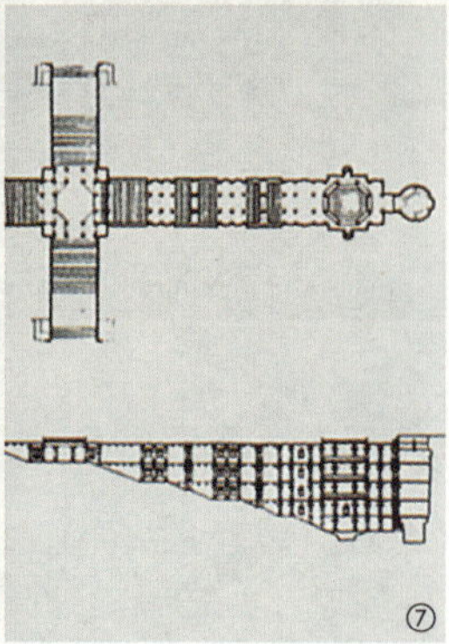

◉——在雄伟坚实的大地上向下挖掘可以得到一个空间。在古代，挖掘这件事是很费时间和劳动力的，但人们做这件事是有着明确的目的的，那就是谋生。人类为了生存，必须挖掘出沉睡于地下的水资源。当时能够深深嵌入大地的建筑有平民百姓建造的粗糙的打水场，也有国家建造的雄伟的打水场，但国家的打水场虽然也叫打水场，却要华丽、壮观得多。地下的空间与地上完全不同，在一片沉寂中带有恍惚的声音和光，能让人感到那种空间的神秘性和宗教性(①～⑦)。另外，庇护所作为能在各种恶劣环境下保护人们的安全或防御敌人的场所，也常常会建在地下(⑧⑨)，人们

①MODERA阶梯池塘（印度）②③帕坦阶梯井式建筑（印度）④～⑦Adalaj阶梯井式建筑（印度）⑧⑨窑洞（中国）⑩⑪地下森林博物馆（宫城）⑫⑬岩石教堂（赫尔辛基）⑭科洛尼亚小教堂（巴塞罗那）⑮科隆爱乐乐团音乐厅（德国），埋于地下的音乐厅 ⑯～⑱国立长崎原子弹爆炸殉难者追悼和平祈念馆，建造于爆炸中心附近，建筑大部分埋于地下，在池中设置与原子弹爆炸死亡人数相等的7万个光纤维，创造出一种祈祷的空间

总是会在空间中表现出某种痕迹，以表明自己拥有和获得了这块土地。在城市中为了使景观和环境协调，可以利用地下空间来调和建筑与周边的关系(⑮～⑱)。在土地和岩石上向下挖掘可以得到很有魄力的空间，如果在大地上垂直地向下挖掘，就可以凭借从上空射入的光线得到有上浮感的空间，将地下的闭锁状态打破，伴随着向着天空的上升感成为了地下与天空联结的神圣空间。根据挖掘的形状和地上开口的形状以及光线的射入方式，既可以产生昏暗的空间，也可以产生充满阳光的空间，蕴含着无限的可能性。

◉——作为生活的空间，人类从原始社会就开始利用洞穴来保护自己免受大自然和敌人的伤害，但由于生活样式的改变，人类不得不继续向更深处挖掘那些洞穴，从而确保功能性和便利性。(⑨ ~ ⑪⑮)。
另一方面，像祠堂中见到的那样向深处延伸的空间形式，可以给我们带来声音世界的神秘感，常常会作为渲染神圣感的手法而用于宗教建筑、神殿等(① ~ ⑧⑯)。在沿河地带等倾斜的地形中挖掘时，不能和斜面成直角挖掘，而是水平向的挖掘，外观常常是以一种沿着等高线的线型布置，这样可以和外部空间紧密联系，形成一种开放的、积极的景观性空间。通过

①～⑤阿旃陀石窟（印度）⑥～⑧佩特拉（约旦），这个建筑的用途到现在还不被人所认知 ⑨～⑪穴居聚落（西班牙），街道的起源在罗马时代之前了。这片地域被很多统治者占领过，卷入过很多战争。听说人们是为了逃避战乱才住入土穴中的。 ⑫⑬瓜纳华托州（墨西哥） ⑭岩石骑术学校（奥地利） ⑮马泰拉的石窟民居（意大利），住民曾因为政策离开过此地，现在又都回去了 ⑯埃洛拉（印度）

在岩石表面上刻造出一种建筑的造型的行为，应该算成是一种雕刻行为，也就是说这是和建筑技术有所区别的事物。像这些挖掘出来的洞穴等在近年来又开始兴起了，其中也有些很成功的例子，和现代的可持续发展观很相似。有将以前为了采矿而挖掘的纵横交错的坑道再利用，成为地下汽车专用通道，而地上用于人行走的街道(⑫⑬)的，也有把通过挖掘岩石表面而来的巨大空间设计成坐席，作为现代剧场来使用的(⑭)。

①

②

③

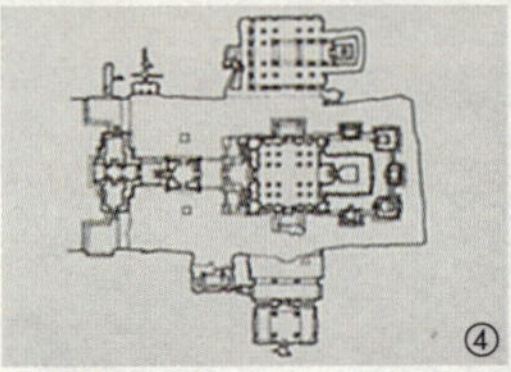
④

⑥

⑤

⑦

⑧

⑨

⑩

◉——作为一种造型方法，有一种像雕刻那样把物体切割雕刻的手法，还有诸如在墙壁上附加一个物体的方法，在这里，我们重点解释通过雕刻石头等素材，对空间和建筑表皮进行造型的方法。最开始人类只是单纯的雕刻，通过雕刻自然的岩石山来创造人们的居所和寺院、佛像等宗教建筑，通过这种朴素的技术得来的空间有着一种压倒性的魄力，向我们描述了一种悠久而静谧的空间(① ~ ④⑰)。在此之后，雕刻手法作为装饰空间、使空间拥有表情的技术发达起来，在墙壁、顶棚等平面上雕刻后会产生凹凸，其造型和光影会带来立体的视觉，也就是在平面中创造了立体

① ~ ④16窟凯拉撒纳塔神庙（印度）。在一处花岗岩上雕刻，完成这个建筑共花了一个世纪的时间 ⑤ ~ ⑦日光东照宫装饰与神庙。描绘人的一生的雕刻 ⑧神圣家族教堂（巴塞罗那）⑨⑩塞维利亚大教堂（西班牙）⑪ ~ ⑬胜利宫（印度）⑭ ~ ⑯Forum2004（巴塞罗那）。拥有岩石纹理的外墙和金属模样的外墙，地板是倾斜的，夏季可以囤积雨水来降温屋顶 ⑰臼杵市的摩崖佛像（大分）

(⑤ ~ ⑩)。作为这种手法的延伸产物，出现了刻于泥土或石头上的浮雕(⑪ ~ ⑬)，这种浮雕可以模仿人或动物的模样，可以做成几何图案，表现几何学永恒的重复和秩序性所蕴含的神秘世界观。把某种东西刻成浮雕，就可以永远记录下其形状，因此若用于宗教空间则可以带来神圣感，用于社交空间可以提升华丽感和光辉感，用于表现权力的空间可以展现威严感。到了现代社会，因为可以雕刻的材料种类变多了，雕刻的手法也相应丰富了，用处也变得更广泛了(⑭ ~ ⑯)。

①

②

③

④

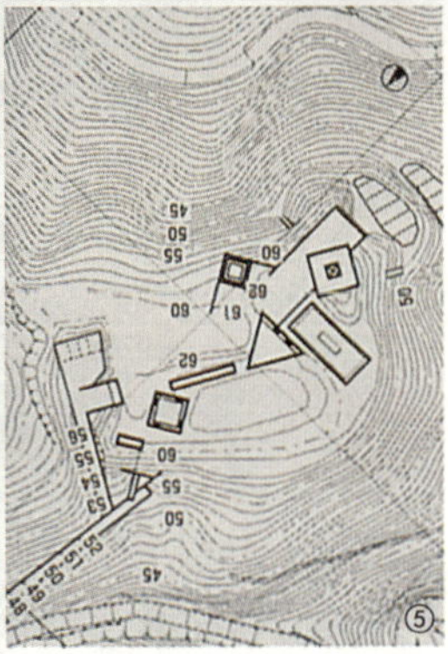

⑤

◉——地下空间比起地上空间来少有人知(① ~ ⑤)。在古时，为了躲避敌人的攻击，人们会在平地或山地中建造地下空间。在城市中，会把下水道，污水沟等基础设施建于地下。但地下空间已经不仅仅用于这些用途了，而是作为现代空间中很独特的一种空间，因其能让人联想到古代的空间而十分有魅力(⑪)。现代建筑追求美化景观，而地下空间的存在能为建筑带来神秘性和浮想性(⑥ ~ ⑧)，当地下空间与地上空间很好的结合的时候，就可以创造出非常有魅力的空间。在昏暗的地下空间中引入外光，这插入的光线会引诱人们无意识地关注地下空间；另外，当人们穿过地下

①～⑤地中美术馆（香川）⑥⑦平等院博物馆（宇治市），在与国家平等院相接的用地上，为了考虑景观而在地下建设博物馆。将展示室的大半部分埋于地下，是考虑了平等院境内的景观的布置　⑧首都圈外郭放水路（埼玉），59根混凝土柱子林立的地下水槽　⑨⑩大谷石地下采掘场遗迹（栃木），70年代挖掘出的巨大地下空间。F.L. 赖特将其用于旧帝国酒店而闻名于世　⑪地下宫殿（土耳其），排列着科林斯样式的柱子，六世纪拜占庭时代的蓄水池。柱子地下的伯修斯神殿增加了神秘性

空间而突然看到悠然美景时，将会感受到震撼的视觉冲击力，而当地下空间与地上形成联系射入缤纷的光线时，地下空间则会变得富有戏剧性。有时会意外地出现某种巨型地下空间，比如开采地下资源后留下的废弃空间，那种甚至让人不习惯的巨大空间很有魄力，常被用作美术馆和剧场等，是一种很有魅力的空间(⑨⑩)。所以说，对于追求景观和绿化的现代社会来说，地下空间是非常有用的。

◉——在把构成建筑或城市空间的要素进行排列的众多手法中，有的将墙或柱子排列，有的将具有一定体积的空间排列。
前者构成了具有连续性的空间，这种排列可以创造出一种均质、带有方向性的空间(① ~ ⑤)，另外，这样排列过的建筑的统一感也很强(⑥⑦)。
而另一种将具有一定体积的空间排列的方法是将内部的功能和分区表现于外部，重视各部分布置的间距(⑪ ~ ⑬)。有些均匀排列的建筑之间的空间是非常有意义的，另外，有时即使是设计不同，只要体积相同的话，将它们排列起来后仍然会具有统一感。比如在对街面进行设计时，只要将出

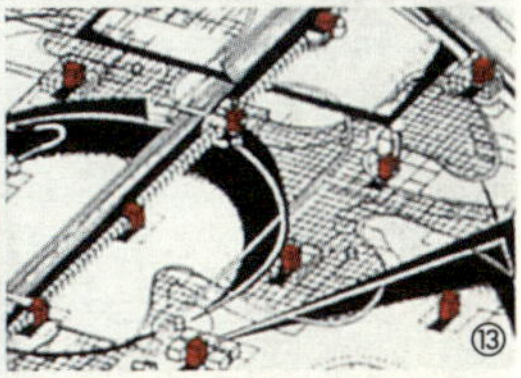

①冈山西警察署，用林立的柱子创造出入口空间 ②马赛公寓（马赛）③盖勒瑞提斯集合住宅（米兰）④熊本神社长地板（喜多方市）⑤科尔多瓦清真寺（西班牙）⑥阿尔玛格罗市长广场（西班牙）⑦平民宫殿（法国）⑧皇家宫殿里的广场（巴黎）⑨温特图尔艺术博物馆加建工程（瑞士）⑩巴塞尔机车车库（瑞士）⑪雪铁龙公园（巴黎）⑫拉维列特公园（巴黎），等间隔的“点”（装饰性建筑）⑬拉维莱特公园竞标方案（巴黎）⑭婆罗州上的各式房屋（阿姆斯特丹）

入口统一，即便各个建筑的设计都不一样，也会有统一感(⑭)。

但是，这些手法都是密不可分的，有时将空间排列就是在对建筑表皮的元素进行排列。通过以上所说的那些排列，可以给予空间一定的秩序和表示自己的领域，让人有一种这里是一个统一而不同于其他的空间的感觉。

①

②

③

④

◉——创造节奏这种手法将欣赏者的感觉引入场所，是一种简单而有力的技法，因为有了节奏感，在视觉上就会给人以统一感。另外，节奏是一种时间上的现象，像一曲音乐一样，所以这也给予了空间时间性的流动感。建筑所展现的视觉节奏，会使人随着视线的移动或位置的移动而感觉到一种在时间上重复的节奏感，是一种就像影片中的连续镜头一样的空间节奏，还会因为偶然的回眸或视线移动等体验到某种漂浮感。在这样的空间中，人会感觉在和建筑跳舞一样，自己和建筑不停地交换位置，体验到空间的持续和变化。

①100户的老年人公寓（阿姆斯特丹），用突出的阳台和色彩创造节奏 ②邦热苏斯-杜蒙特教堂（葡萄牙），折叠带来的节奏 ③阿尔伯克基的民居（美国） ④TIBAU文化中心（北卡罗来纳州），用建筑来创造节奏的布置 ⑤台北101大楼（中国），伸向天空的节奏 ⑥千年穹顶（伦敦），放射状突出的梁 ⑦加拿大文明博物馆（渥太华） ⑧⑨摩拉维亚地区广场（捷克），用走廊创造广场的节奏

在创造节奏的手法中，有在一个建筑中将部分重复的(①⑤～⑦)，有在建筑周围将同一种元素重复的(②③)，也有将建筑本身重复而形成一个街区来建立统一感的(④⑨)。

关于视线的诱导方向，有向深处诱导的(②③⑨)，有向上诱导的(⑤)，有沿着前进方向诱导的(⑨)，有随着移动路线呈波浪形给人以庇护感的(⑦)。如果是重复完全相同的物体的话，很快就会令人厌烦，不再受人关注，而各部分稍有不同有节奏的重复就不会令人厌烦了，这样才是优秀的设计。

①

②

③

④

⑤

⑥

⑦

◉——在城市中有许多条件会促使建筑物集中在一起，在这些集中的事例中，有一些是很有统一感的群体，比如利用自然地形建造的城市(①③)，集合住宅中集中的住户(⑤ ~ ⑦)等，也有很多直接将集中的状态表现于建筑表皮设计的，还有在设计时将要素集中起来表现的(②④⑥)。但是，严格来说我们必须把人为的集中和自然的聚集区分开来，集合这个词也包含着集中策划的含义。

另一方面，分散这个手法因为将物体留有空隙地布置了，便可以有意识地设计他们之间的空间了(⑧ ~ ⑮)。单体仅仅是一个点而已，但如果有了

⑧

⑨

⑩

⑪

⑫

⑬

⑭

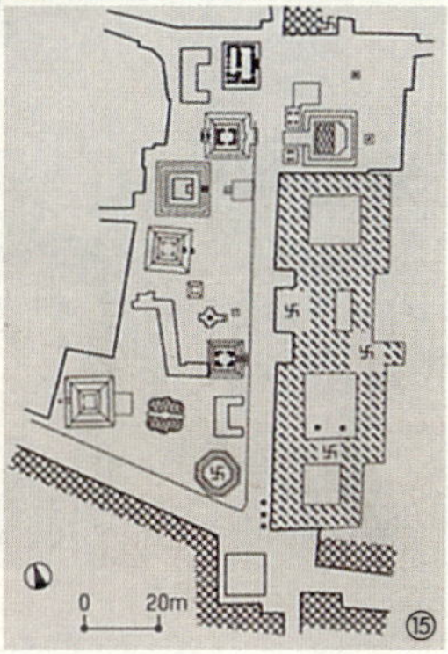

⑮

①马泰拉的石窟民居（意大利）②基日岛的木造教堂（俄罗斯）③Pitigliano山城（意大利）④阿尔贝罗贝洛（意大利）⑤马赛公寓（马赛）⑥Walden 7（巴塞罗纳）⑦集合住宅（丹麦）⑧阿纳瓦克高原上的印第安离散性村落（墨西哥）⑨联邦政府区新总理府（柏林）⑩疆塔尔曼塔天文台（印度）⑪金泽21世纪美术馆 ⑫建外SOHO（北京）⑬龙安寺石庭（京都）⑭帕坦的杜尔巴尔广场（尼泊尔）⑮同上：平面图

两个物体排列，它们之间就会产生一条看不见的联系线，然后我们就可以根据它们的形状、大小来设计它们之间的空间关系。这样，布置的建筑和周边的空间就形成了图和底的关系，我们在创造、布置作为图的建筑的同时，实际上也创造出了作为底的空间。近年来，不管是在城市设计还是建筑设计中，这种“图底关系”的理论都非常受人关注。

◉——排列这个词语的意思就是将复数的事物按照一定的形态布置，在用地上布置建筑物时，会因为某种规律而产生秩序。
在根据直线规律排列而来的空间中，有排列复数的层次保持平行关系的，有从进深或者方向性中创建轴线的，还有的显示了等级制度的阶梯性空间(① ~ ④)。若在垂直方向上排列的话便产生了上升的趋向(⑨)，如果排列得像是要把周边围合起来了的话，就会把人的思维引向中间，相反地如果从中间向外面呈放射状排列的话，就会使人有豁然开朗的感觉(⑤⑥)。
另一方面，除了这样根据图形而得来的规则之外，秩序也有根据宗教和思

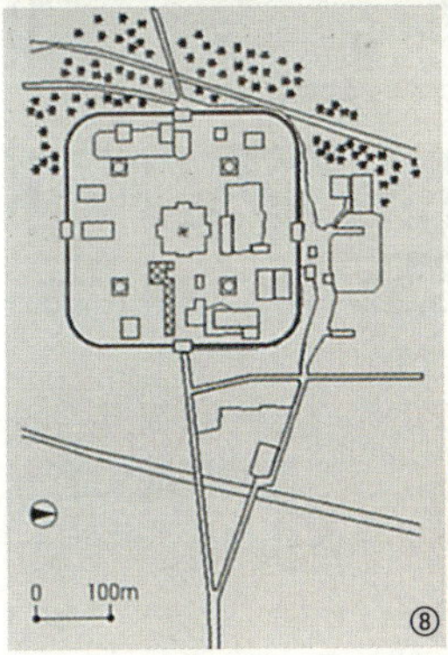

①切斯特大教堂（英国），空间引导人们走入教堂深处 ②国立长崎原子弹爆炸殉难者追悼和平祈念馆，发光的列柱向人们指示出原子弹爆炸的爆炸中心 ③伏见稻荷大社的连续鸟居（京都市） ④圣·斯特法诺广场（博洛尼亚） ⑤皇家新月楼（英国），新月形的建筑创造的空间 ⑥圣彼得广场（梵蒂冈） ⑦桑耶寺（中国西藏），用建筑的布置来表现佛教所诉说的宇宙 ⑧同上：平面图 ⑨黄金寺（尼泊尔），人们越往上走越感觉到排列于基座上的神像所带来的震慑力。阶梯和屋顶的排列将人们的视线向上引

想等概念性规则来定夺的（⑦⑧），风水就是其中的一个例子。基于概念性规则的秩序，有时很难保持连续的形态。

①

②

③

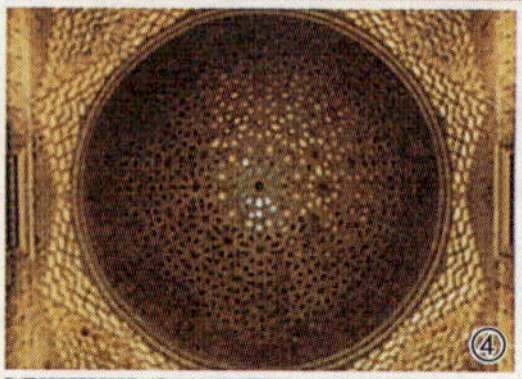
④

⑤

⑥

⑦

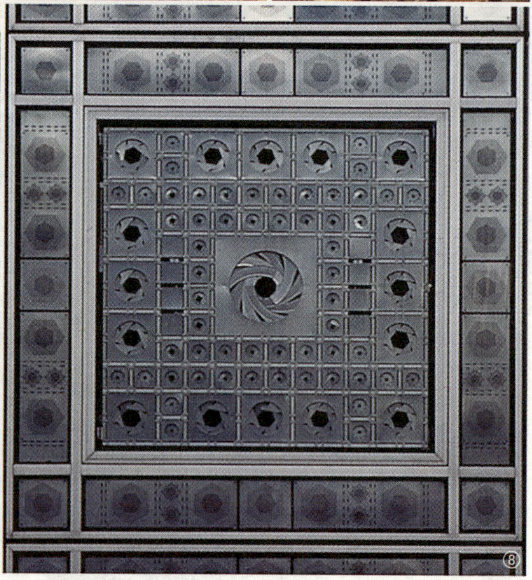
⑧

◉——使用即使在几何学中都是最基本的图形的三角形、方形和圆形的图案来设计装饰、部件或者是整个建筑的事例非常多见，因为这些基本的图形既美观又有秩序感，而且很容易被人类认知，所以从古代开始就作为一种构成空间的要素被广泛运用。

在开口处和顶棚、墙面等运用几何形状，可以使建筑产生某种秩序感，并使建筑带有一种安定感(① ~ ⑧)。

另外，将几何形状用于建筑整体的构造的话，会给建筑带来独立性和完整性(⑨)，更进一步，如果在平面和剖面中使用几何形状的话，可以使建筑

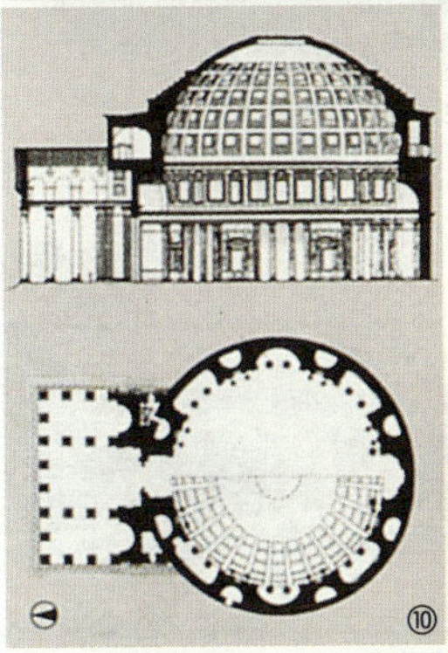

①日光田母泽御用邸（栃木）②柯布西耶中心（苏黎世）③斯德哥尔摩市立图书馆（瑞典）④⑤阿尔卡萨尔王宫（塞维利亚）⑥ROBBIANI别墅（瑞士）⑦圣玛丽斧街30号（伦敦）⑧阿拉伯世界研究所（巴黎），墙面上布置着代表阿拉伯的几何图形的窗户，这些窗户能根据阳光的强弱自动变换大小 ⑨卢浮宫（巴黎），玻璃金字塔 ⑩⑪万神庙（罗马），高度和直径一样的圆形教堂显示了古罗马人精湛的技艺 ⑫立方米家（鹿特丹）

的外观和内部空间等具有向心性和抽象性等（⑩⑪）。

近年来，有些人尝试重新诠释基本几何形态对建筑的意义，比如有将使用了高度发达的建筑技术并按几何学形体建造的建筑与现存的建筑做对比的例子（⑨）。此外，还有一些将本来已经是基本的几何形体的建筑体块通过倾斜放置来重新认识的例子（⑫）。

①帕提农神庙（雅典）②古罗马斗兽场（罗马）③阿波罗神庙（雅典）④卡普拉别墅（意大利）⑤胡佛金字塔（埃及）⑥比萨浸礼会洗礼堂（意大利）⑦圣马利亚教堂（佛罗伦萨）⑧维特根斯坦之家（法国）⑨马赛公寓（马赛），337户的集合住宅，平面、立面、剖面中使用了模数这个概念 ⑩金茂大厦（上海）⑪法隆寺五重塔（奈良）⑫《匠明》中的木割*

◉——我们知道比例和比率是能够左右建筑美感的基准之一，为了建筑的美观，建筑的形态必须基于比例、比率来考虑。虽然具体的比例、比率有很多，但多数都是根据人、动物等自然存在的比例、比率确定的。在文艺复兴时代，人们通过研究古罗马时代的建筑(① ~ ③)和各种美丽的事物而认识到了美丽和比例的关系，也可以说，认识到了比例就是创造美与和谐的基本原理(④⑥⑦)。在西方社会从古代就开始使用被认为是最和谐比例［$1:(1+\sqrt{5})/2$］的黄金比例(⑤)，黄金比例是一种在自然界中很常见的比例。另外，勒·柯布西耶将基于黄金比例创造出的模数作为人体尺度

⑦

⑩

⑧

⑪

⑨

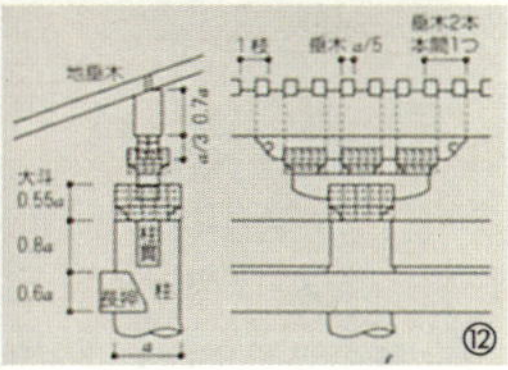

⑫

的基准，积极地应用于建筑空间的构成中(⑧⑨)。

在日本建筑中，把这种基于比例的建筑构成法称为“木割*”(⑫)，另外，也会在建筑整体中使用1：$\sqrt{2}$这个比例(⑪)。然而在现代社会，使用比例关系来确定建筑形态的案例变少了，但是，在超高层大楼等需要秩序性的建筑中，比例、比率还是其设计手法中的一个(⑩)。

* 木割：日本木结构建筑中的各部分木材的大小比例。也指决定这种大小比例的技法。多以柱形木材的断面为基本尺寸。——译者注

①

②

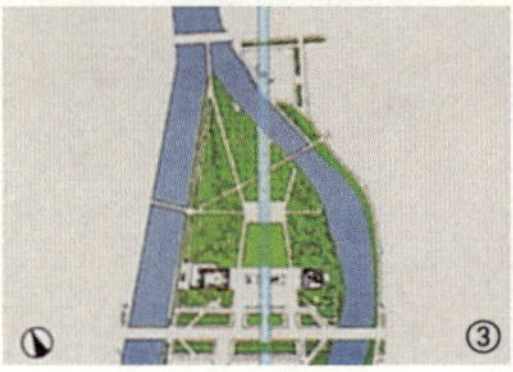
③

④

⑤

◉——通过布置轴线可以强调左右的对称性，产生连续的空间，在视线上给予方向性。如果在轴线上布置建筑或纪念碑等，可以集中人们的视线，作为象征物而突显出来(②③⑤)，在历史中常常作为显示神的威严和统治者的权力的手法而使用(⑥⑦⑨)。另外，城市空间的中轴线与城市的可读性以及城市空间的清晰度都有很大关系(⑤)，轴线不仅仅能作为物理空间中的移动路线，而且能形成一条延伸到无限远的想象轴线(① ~ ③⑧)。

在中国和日本的古代城市中，由于风水的思想，轴线都是南北向的(⑦)，

①圣彼得广场（梵蒂冈）②③广岛和平纪念公园④品川国际城中央花园（东京）⑤香榭丽舍大街（巴黎）⑥鹤冈八幡宫参道（镰仓市）⑦紫禁城（北京）⑧凡尔赛宫的庭院（巴黎）⑨坎特伯里大教堂（英国）⑩天坛（北京）

而另一方面，在西欧的教会建筑中，为了使轴线和太阳的轨迹吻合而东西向布置(①⑨)，像这样轴线的方向和方位有联系的情况有很多。

在现代，为了使各自有自己风格的建筑以及他们所交织出的城市空间拥有整体感，轴线被广泛地使用着(④)。即使是颜色、形状、体量全都不一样的杂乱建筑群体，只要沿着轴线布置，就可以产生一种空间秩序感，而多种多样的建筑反而可以成为轴线空间中的个性化构成要素(⑤)。

①管风琴教堂（哥本哈根）②巴黎圣母院（巴黎），早期哥特式建筑中最杰出的作品，左右的对称带来庄重厚重的感觉 ③国连大学（东京）④卡尔广场地铁站（维也纳）⑤分离派展览馆（维也纳）⑥威尔斯大教堂

◉——匀称就意味着左右对称，这在几乎所有的动物和植物中都能见到，是自然界最基本的秩序之一。如果把建筑均匀构成的话，就会使空间秩序有统一、平衡的美感和安定感。因此，作为整合建筑的手法之一，对称从古至今被应用于各种建筑之中，特别是经常用于需要通过庄严与厚重感带来象征性的公共建筑和宗教建筑中(①②⑥⑦)。另外，近代欧洲的贵族们竭尽财力来建造许多对称的巨型宫殿(⑧)，加大建筑的尺度和对称化构成可以突显出崇高感、伟大感和威严感等。

对称性建筑由于要强调中间部分，一般都将整体统一化处理(③ ~ ⑤)。

⑦格林威治海军医院（伦敦）⑧贝尔维德尔宫殿（维也纳）⑨⑩自由学园明日馆（东京）⑪东京火车站 ⑫泰特现代艺术馆（伦敦）。旧火力发电厂改造成的现代美术馆，中央的烟囱成为了中心轴 ⑬平等院凤凰堂（宇治市）

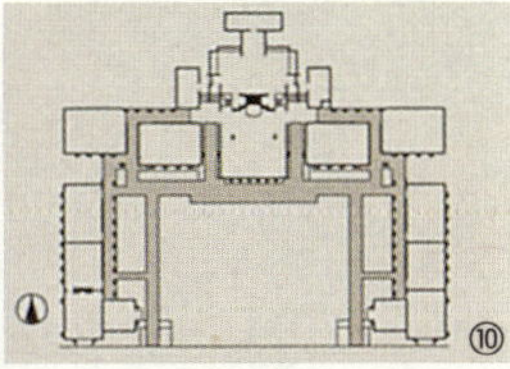

采取这样的形式可以使象征性更上一层，带来强有力的稳定感，有很多建筑都会由中间向两边展开两翼，从而带来美丽的平衡感(⑨～⑬)。均衡在文艺复兴时期以前是被视为绝对准则的，在日本的奈良、平安时代也占有着极为重要的位置，比如为了表现极乐净土，把均衡的阿弥陀堂布置于池塘中心，以此来创造神圣的空间(⑬)。

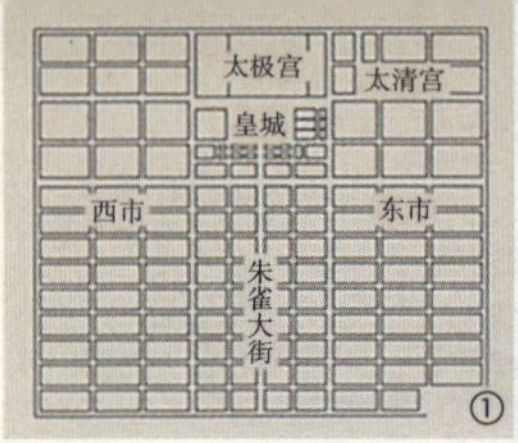

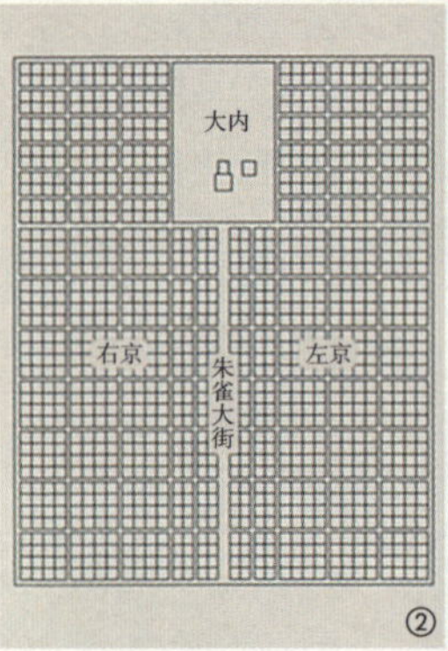

◉——呈栅格状布置的城市非常常见，无论扩大到哪里，多么宽广，由于其单纯的规则，城市空间的构造都会令人很容易理解。另外，栅格城市的空间移动效率非常高，在近现代社会，人类非常需要高效的人与物资的空间移动效率，所以基于合理性的设计思想，建造了许多栅格状城市(③～⑧)。

但是，建造栅格状城市的理由并不只是功能性的要求，在古代城市中，人们为了追求城市的恒久繁荣，基于四神相应*的理想都市思想，而建造了格栅城市(①②)。即使规模很庞大也能在短期内完成图纸设计的格栅城市，表现出了很高的工程技术水平。

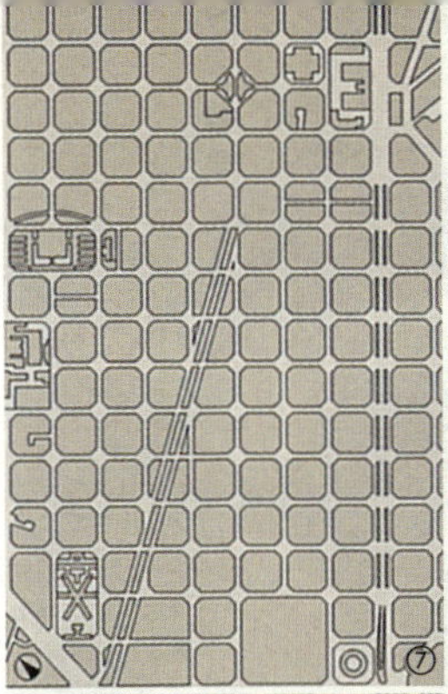

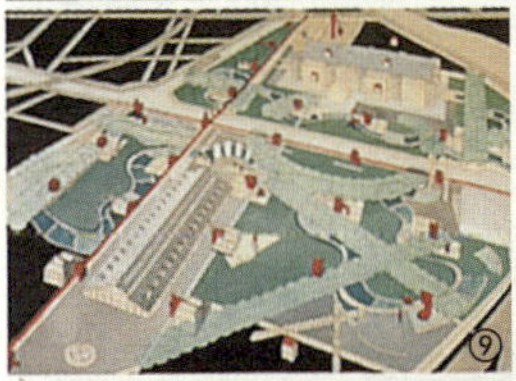

①长安城（中国）②平安京（京都）③芝加哥 ④旧金山 ⑤⑥曼哈顿 ⑦⑧巴塞罗那 ⑨⑩拉维莱特公园（巴黎）。在间距为120米的格子上布置红色的小建筑 ⑪淡路梦舞台百段苑（兵库）⑫巴黎公园

另一方面，如果将格栅引入景观设计中，可以实现自然与人工的和谐(⑫)。此外，将复数的建筑沿着栅格展开，就可以使各自单独存在的建筑归属于同一个空间(⑨⑩)，而且由于格栅化而形成的无机质而端正的空间，可以和神圣的空间良好的融合，常常被用于慰灵空间中(⑪)。在格栅的背景中还蕴藏着多样的意义和思想，其效果也是多样的。

*四神相应：道教中所说的符合四神的地貌风水最相宜的土地。东有流水、西临大道、南有洼地、北有丘陵。该地形与青龙、白虎、朱雀、玄武四神相应，为极佳的地貌风水。——译者注

①

②

③

④

⑤

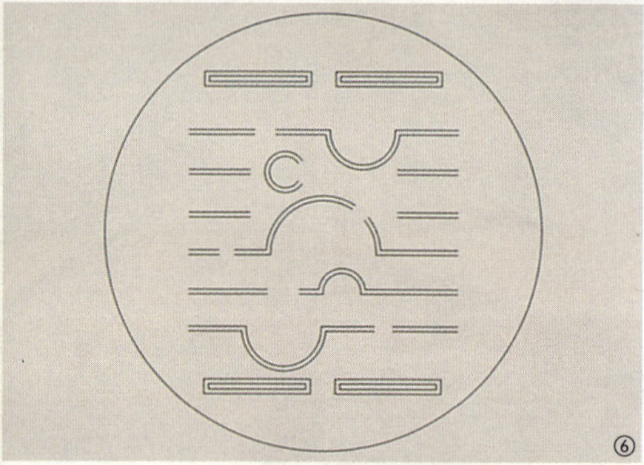
⑥

⑦

⑧

⑨

◉——分割是把无限制的空间变化成有限制的特定场所和领域的手法。分割作为建立空间秩序的方法普遍用于古今中外的建筑中，但具体的分割方法会受时代和技术、风土和价值观、生活和文化等方面的影响(① ~ ③)。用墙壁分割是分割手法中最能显示其功能和意义的典型。墙壁不是只有防御的功能，也可以利用色彩、肌理等使空间具有一定意义，墙壁可以利用其高度和宽度，或者材质和厚度来给予我们感觉和知觉上的影响，而且这种影响不管是在身体尺度中还是在城市尺度中都可以存在，是一种通用于各种尺度、形态的影响(④ ~ ⑥)。

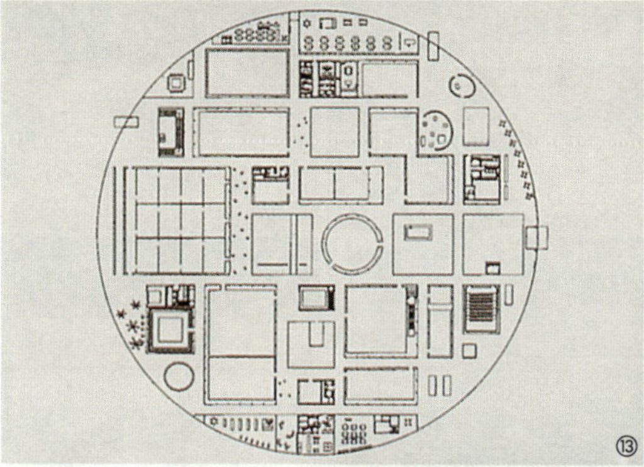

①拉巴特的土墙（摩洛哥）②疆塔尔曼塔天文台的墙壁（印度）③轩内洛尼非庭园的绿色墙壁（西班牙）④瓦哈卡小巷的红墙（墨西哥）⑤Chaouen的蓝墙（摩洛哥）⑥ARUNNHAIMU BABIRIONN的墙壁 ⑦戴高乐国际机场的墙壁（法国）⑧D-HOTEL OSAKA的外墙（大阪）⑨GALLERIA[akka]的内墙（大阪）⑩金泽21世纪美术馆 内外展示场的分割 ⑪同上：中庭和展示场的分割 ⑫同上：全景 ⑬同上：平面图 圆形和方形的分割 ⑭同上：带游泳池的中庭 ⑮同上：游泳池 ⑯COMME DES GARCONS的墙壁（东京）

在近代建筑的表现手法中，常常单纯地使用混凝土和玻璃的墙壁，这样做可以直截了当地表现出材质的特性(⑦ ~ ⑨)。

现代建筑也继承了这种手法的特性，并且由于科技的发展，墙壁向着更轻更薄的方向发展，金泽21世纪美术馆就是一个典型事例(⑩ ~ ⑮)。另外，可以利用色彩和记号文字等来设计表皮，或使用倾斜或曲线形的墙面等，从而让人感觉到一种栩栩如生的精美分割(⑯)。

①

②

③

④

⑤

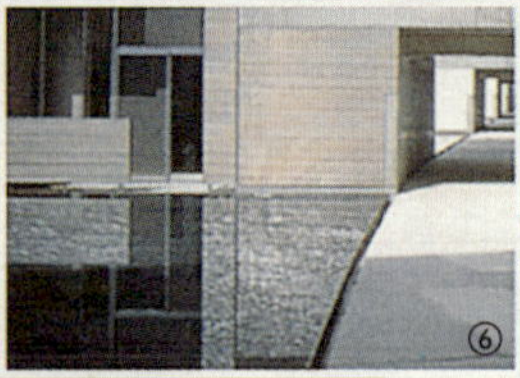
⑥

⑦

⑧

⑨

⑩

◉——在表现出了极乐净土的平等院、净琉璃寺、金阁寺等建筑的前面，都设计了宽阔的水池，用来划分现世与来世。现代建筑家谷口吉生先生就非常喜欢使用在建筑与访者之间布置水池的这个手法，土门拳纪念馆、法隆寺宝物馆都是很好的例子(① ~ ③⑦)。另外，福冈香椎集合住宅的史蒂芬霍尔栋也在住栋之间安排了水池，创造了很舒适的空间(④ ~ ⑥)。要说起用水分割，冈山县后乐园房间中间有水流过的空间可以说是压轴好戏，在炎热的夏天，两侧地板之间的水面可以浸没脚面(⑧)。神社建筑的大崎八幡宫将正殿与前殿分开，之间用地上铺满石头的石之间来连接，营造出了用石头将神和人分开的氛围，在日本称之为权现式建筑*(⑬⑭)。韩国首尔的金玉吉纪念

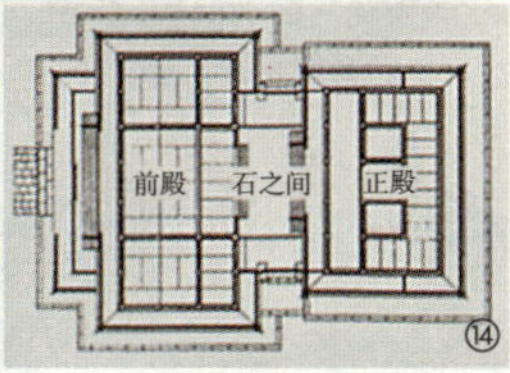

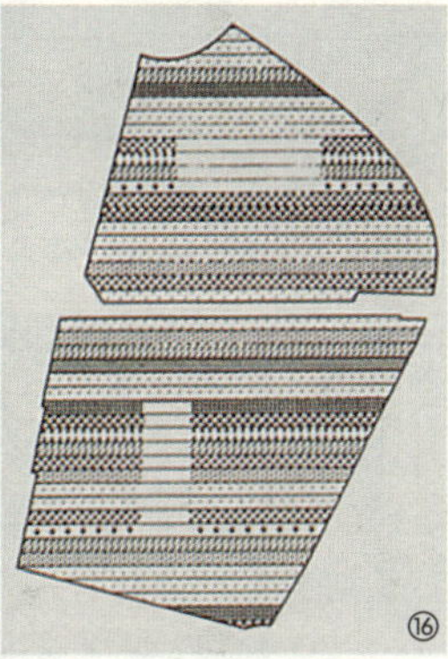

①东京国立博物馆。法隆寺宝物馆的水池 ②土门拳纪念馆（山形），中庭的白鸟池 ③同上：从上空观察 ④福冈香椎集合住宅 ⑤同上：住宅楼 ⑥同上：分割用的池子 ⑦净琉璃寺（京都市），净土池 ⑧冈山后乐园，用流水分割 ⑨演庆堂（首尔）⑩希柏赛默的高层城市计划 ⑪金玉吉纪念馆（首尔），内部 ⑫同上：外观 ⑬大崎八幡宫（仙台），外观 ⑭同上：平面图 ⑮横滨三年展2005“海边的16150光彩”⑯库哈斯的拉维莱特公园中标方案（巴黎）⑰伏见稻荷大社的连续鸟居（京都市）

馆，均质的内部空间用混凝土墙壁和玻璃条交相分割(⑪⑫)；还有同样是首尔的昌德宫秘苑中通往礼堂内栋的通道房间，将功能不同的土炕房间与木地板房间轮换布置(⑨)。

近代的集合住宅，由于必须确保一定的日照时间，所以一般采用统一的楼间距布置。另外，横滨三年展的2005年“海边的16150光彩”的通道空间用漂浮的旗子以一定的间隔分割外部空间(⑮)；在雷姆·库哈斯的拉维莱特公园中标方案中，将整个用地按功能呈斑马线状分布(⑯)。

* 权现式建筑：用石头铺满房间地面以连接正殿与前殿的神社建筑样式。——译者注

◉——墨西哥的古玛雅文明通过金字塔式的建筑来突显华丽，而相反地，西印度的地下城则是像井一样下降，但不管怎么说，这些阶梯高差都能区分出人与神，表现出由俗世向圣洁的升华(① ~ ⑤)。吉备津神社可以说是古代建筑中高差层次最多的建筑之一了，把正殿和前殿加起来用了近十个高差层次来阶梯性地表现俗与圣的区分(⑨⑩)。

作为德川将军在京都的别宫而建立的二条城二之丸御殿的集会大厅(⑥⑦)，还有西本愿寺会见室，都在宽阔而连续的地板上设计了高差而将房间分成了上、下两间，产生了身份的阶级性。韩国的孙氏贵族住宅中，将这种高

⑪

⑫

⑬

⑭

⑮

①蒂卡尔遗迹（危地马拉）②Stepwells（印度）③帕斯帕提那寺（尼泊尔）④⑤昆达（印度）⑥二条城二之丸御殿·大广间（京都），表现出微妙的高差 ⑦同上：剖透视 ⑧孙氏贵族住宅（韩国）⑨吉备津神社（冈山）。正殿、前殿剖面图 ⑩同上：正殿·前殿平面图 ⑪旧日向邸（热海市），高差使空间更丰富 ⑫多米诺住宅像浮游着一般的楼板 ⑬新宿车站西口广场 ⑭范斯沃斯住宅（美国）。两张水平的地板 ⑮House of "Cloud"。多层的地板诱发人们多样的活动

差延伸到了室外(⑧)，而托德的日向邸的室内设计则将这种高差空间移植到了现代建筑当中(⑪)。

新宿西口广场利用上下的高差将人和车的行走路线明快地分离开，是一种纯粹的功能区分(⑬)。另外，密斯的范斯沃斯住宅用两块水平的地板将地面划分(⑭)；柯布西耶的多米诺住宅浮游的楼板在空中水平分割(⑫)；藤本壮介螺旋状层积的无数地板诱发人的各种活动(⑮)。

◉——用装置、记号分割可分为稍有不同的两种方法。利用隔扇、屏风、门窗隔扇等，或者使用可以用于分割空间的遮挡用具、家具、日常家用器具等来分割是一种，另一种是用记号来分割空间。在有重要仪式的日子里，将本来睡觉用的寝殿的正殿和两厢通过布置帘子、屏风、隔扇、草席等遮挡用具来整理成“室礼*”是最好的例子(①～③)。在夏天为了更好的通风而使用的竹帘、暖帘等，还有在京都的街边常常见到的格子窗都是常见的装置(④～⑨)；施罗德住宅利用装置和家具等创造出一种富有变化的空间，二层白天是宽敞的一个房间，晚上则可以利用可移动的分割和家具而

①寝殿改造成的室礼* ②春日若宫细殿·神乐殿内部（奈良），仿照寝殿内剖构造 ③京都御所·清凉殿（京都市），天皇用的寝榻 ④绳暖帘 ⑤喜多家的帘子（石川）⑥京町家的格子门窗 ⑦京町家的竹帘、暖帘 ⑧郡山町住房的千本格子窗（奈良）⑨法隆寺大讲堂内部视角（奈良）⑩里特维德-施罗德之家（荷兰），二层的顶棚上有用于分割装置移动的轨道 ⑪富弘美术馆（群马）⑫同上：内部 ⑬长寿寺正堂（滋贺），从外殿可以看到分割正殿与外殿的结界 ⑭止步石 ⑮诹访大社柱子（长野）⑯界绳建立的临时的圣域

变成许多房间(⑩)；另外，富弘美术馆的设计理念是聚集许多由泡沫启发得来的圆形小屋(⑪⑫)。用记号分割最好的例子恐怕就是国境了，界碑、边界线等都属于这个类型。另外，比如“结界”本来就是用于分割佛堂正殿和外殿的(⑬)；立于茶室外用石子铺的岔路旁的止步石，暗示着不打招呼就不能再往前走了(⑭)；还有将柱子立于四角来设定神圣的场所的神社神域(⑮)，以及通过一圈界绳来建立临时的圣域的例子(⑯)。

* 室礼：日本平安时代后，与宴飨、搬迁、皇妃入宫等喜庆日子里在寝殿的正殿、两厢摆设器具，用以装饰。——译者注

◉——朦胧分割这个手法是包含于“柔和的连接”和表里关系中的，但在此处，我们只站在分割的立场来讲述。另外，虽然与用“装置、记号分割”有些相似，但这个手法说的是将那些能动的装置固定于某一个点的事情，有用墙壁，或者柱子和列柱来将空间分区的情况(① ~ ③)，还有像亭台楼榭那样考虑了气候和风土将空间缓和的分割的情况(④)。

中国的园林中有许多视线可以穿过的房间和漏窗(⑤⑥)，像这样透影的例子在采用网眼式窗户的伊斯兰建筑中和日本的格构窗(⑦)中也能见到。当需要在室内和室外之间布置层次的时候，可以直接布置一个宽走廊(⑧)，也可

⑩

⑪

⑫

⑬

⑭

⑮

⑯

⑰

①唐招提寺·金堂前面的列柱（奈良）②东京都战亡者陵园 ③春日大社·签到殿（奈良）④名护办公楼（冲绳）⑤网师园漏室的隔断（中国）⑥留园的漏窗（中国）⑦法隆寺回廊的窗户（奈良）⑧东福寺·龙吟庵方丈廊道（京都）⑨大德寺孤蓬庵·忘筌（京都市）⑩慈光院（奈良）⑪金贝尔美术馆（美国）⑫东福寺·通天桥（京都），长长的桥廊在中间部位突出，带来很有意思的空间 ⑬丸龟市猪熊弦一郎现代美术馆（香川）⑭上大泽的围墙（石川）⑮筑地松*（出云）⑯开港广场（横滨市）⑰横滨大栈桥国际客船总站

以使用借景手法。借景手法就是将窗框所取到的窗边景色作为近景，之后的墙和树等作为中景，更远的景色作为远景（⑨⑩）。还有一些是在入口等处设计一个灰空间，将内外似连似断地柔和分割（⑪）。此外，像柏林犹太博物馆和通天桥等是通过将细长的形态折弯，然后在其中布置重点来划分空间的（⑫⑬）。还有一种情况，就是用作为分割自然空间的篱笆、建筑灌木等（⑭⑮），或者是用像自然的地形一样的有起伏的曲面、斜坡来分割（⑯⑰）。

* 筑地松：日本出云地区的一些房屋主人喜欢在住宅的西侧和北侧种植黑松树，并将其像路边灌木一样修剪成形，称之为筑地松。——译者注

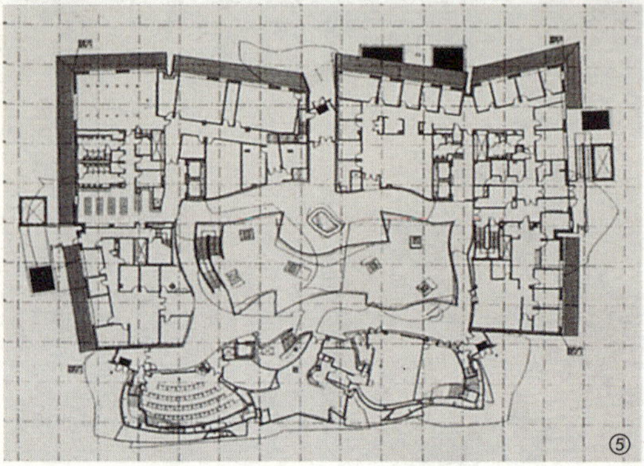

①～④UEZAHEDDO经济大学的彼得路易斯楼 ⑤同上：平面图 ⑥～⑧千禧年广场的“云扉”（芝加哥） ⑨～⑫伊利诺伊理工大学学生事务所（芝加哥） ⑬休斯敦儿童美术馆屏幕上的影像会跟着人动 ⑭Bloomberg ICE（东京） ⑮拉斯维加斯的夜景 ⑯秋叶原的电器街（东京） ⑰横滨中华街

◉——“混沌”有两种意义，一种就是混沌，而另一种是由于初期条件的不确定性，会给后续的发展带来很大的变化，而无法预测结果的现象。这两者站在空间学的视点上看有很大不同，前者是静止的混沌，而后者则能看出能动性的变化。

前者静止的混沌又分为有计划的和无计划的两种。可以列举因堆积无计划的建筑而产生的将各种无特色的风格混杂的街道空间(⑮～⑰)，即使在同一场所，白天和夜里的建筑表情也完全不同。作为有计划的建筑，近年来随着科技的发展，出现了将各种不同的材质拼合在一起的像模型一样的建

筑(① ~ ⑤⑨ ~ ⑫)，但由于这种建筑缺少功能上的考虑，并且造价很高，所以有些人对此提出了质疑。不过，这些奇异的建筑也给人们带来了旅游业的收入。

对于后者的动态表现，可以列举出利用电脑设计程序做出的东西(⑬⑭)，还有一些模仿镜子的东西(⑥ ~ ⑧)，这些都是能将人的动作和周围的混沌如实反映出来的案例。

◉——作为一名建筑师，不仅要考虑如何将建筑单体设计得漂亮，还要考虑如何融入到周围的环境中去。因此，赋予建筑“五彩斑斓”这个要素后，不只是可以显现出建筑的个性，也考虑到了与周围建筑的融合问题，从而能够构筑建筑内部与外部新的关系性。

比如说作为利用当地特有的材料、装饰模样、趣向、自然环境等来表现自身独立性的手法(①)。斑马式样的建筑是意大利托斯卡纳地区的特色，这作为融入当地风土的事例非常有名(②③)。另外，将建筑的材质和形状、表面的肌理等设计得五彩斑斓的话，可以使建筑的构造看上去更轻盈或更厚

①RUTTSOPURATTSU的住宅（柏林）②③锡耶纳大教堂（意大利）④轮胎住宅（汉堡）⑤布拉格舞蹈大楼（布拉格）⑥松本市市民艺术馆 ⑦赎罪礼拜堂（柏林），战后，用战争炸碎的瓦砾盖的楼房 ⑧ Quartier Schützenstrasse（柏林）⑨⑩GSW总部大楼（柏林），根据阳光的摄入量来改变建筑表情 ⑪100户的老年人公寓（阿姆斯特丹）⑫马赛公寓（柏林），马赛克式配色 ⑬大阪市环境事业局舞洲工厂运用了非常艳丽的色彩 ⑭百水屋（维也纳）

重(④ ~ ⑦)。同样是五彩斑斓的建筑，能更进一步打动人心的，就是色彩运用得好的建筑了。使用丰富的色彩能够使墙壁具有情感色彩，给人强烈的视觉冲击力。不是简单的墙面染色，而是渲染出一种色彩氛围，来创造五彩斑斓的建筑(⑧ ~ ⑩)。集合住宅中也有这样的尝试，成为了住在里面的人向外界展露自己个性的媒介(⑪⑫)。另外，这样将自己的外壳设计成色彩斑斓的模样，可以表现出自己对那些平滑而千篇一律的建筑的批判(⑬⑭)。

①

②

③

⑤

④

⑥

◉——在建筑设计或城市规划中，从城市的布局、建筑的布置，到建筑的高度、平面构成、立面构成、各层的构成，甚至是材料或颜色，建筑师所决定的事情非常非常多，有些样式是随着时代而变迁的，也有些无论在什么时代都是一样的。新的样式往往会很快流行起来，但特有的地域性样式也会被保留下来。一个建筑家自己会拥有一种特别的建筑样式，但有时也会产生一些变化。可见，可用的样式是非常多的，但作为一个高水平的建筑，一般只持有一种样式。当然也有运用许多本不能融合在一起的样式并将它们并列的设计的，这是一种非常难的设计手法。

⑦

⑧

⑨

①～⑤大和文华馆（奈良市），由建筑名家设计的钢筋混凝土结构的美术馆。作为重点的这面墙壁，用很小的格子来创造瓦的感觉 ⑥东京国立博物馆·法隆寺宝物馆传统的造型与现代工艺的结合 ⑦～⑨东福寺·方丈庭院（京都），昭和13年建造的日本庭院 ⑩香川县政府办公楼，由钢筋混凝土建造，日本现代主义建筑的代表

⑩

特别是日本，曾经经历过一段对选用哪种建筑样式非常犹豫的历史时期。在建筑师们筛选作为代表传统建筑的样式的同时，钢筋混凝土和钢架结构等新的结构形式、现代主义新思潮等被逐渐接受(①～⑩)。在我们面前，各种建筑样式像菜单一样罗列着，在没有权威可言的现代社会中，如何选择当中的建筑样式，如何巧妙地操作复数的样式，是对建筑师的一大考验。

①

②

◉——一般所说的“粘贴画”就是把没有放在一起的东西通过各种组合拼在一起。将本来的文脉打碎，取其中一些片段式的要素，并将它们重新拼合，这样做会带来很刺激的差异，是一种很灵活的表现手法。而另一方面，这个手法并不是将这些片段游戏性地胡乱组合，而是有目的的，需要一边考虑着想要表达的东西一边组合。如果要强调将片段打乱重组的话，就必须要表达清楚你要表现些什么(②)；而如果是要强调使支离破碎的片段重新平衡的话，就必须拥有很高的表现技巧(①③)。无论是哪一种，选择普通的技法和选择艺术的技法在朴素感上会有很大的差别，比如风格主义就会

①螺旋（东京），由各种各样的几何形态拼合而成。能够看到过道的楼梯空间让人感到很强的动感 ②湘南台文化中心（神奈川），集合多样的形态，实现了像山水画一样的空间 ③本愿寺飞云阁（京都市），将多种屋顶形态聚集于一个建筑之中的例子 ④～⑥阿尔托避暑别墅（YUE·TARO）（芬兰），在围合中庭的墙壁上用砖、窗户等创造出了一个多样的图案

强烈表现出这个建筑是经过精心设计过的，但也有些是很随意的。

但要注意，将破碎的片段恢复平衡并不是要暴力地做统一化处理，而是要表现出文化的成熟性。柯林·罗把城市应有的姿态命名为“粘贴画城市”，就是因为重视了这个侧面。

◉——建筑的风格混杂可以大致分为两类，一类是将很多种风格融合在一起，创造出一种全新的风格，另一类是将各种风格予以保留，并将它们相互交织，也就是让复数的建筑风格同居于一个建筑之上。关于前者，在日本近现代建筑萌芽的时期，如何令日式建筑与西方建筑融合曾是一件很令人烦恼的事情。人们曾经尝试过将外观设计成西洋风格或伊斯兰风格，而在细部的设计中加入日本元素；还有虽然采用钢筋混凝土的现代工艺，却在造型上采用日式建筑的屋顶(①②)。在20世纪后期出现的后现代主义中，也常常运用这种将各种不同的设计风格重新编排融合的手法(③ ~ ⑦)。

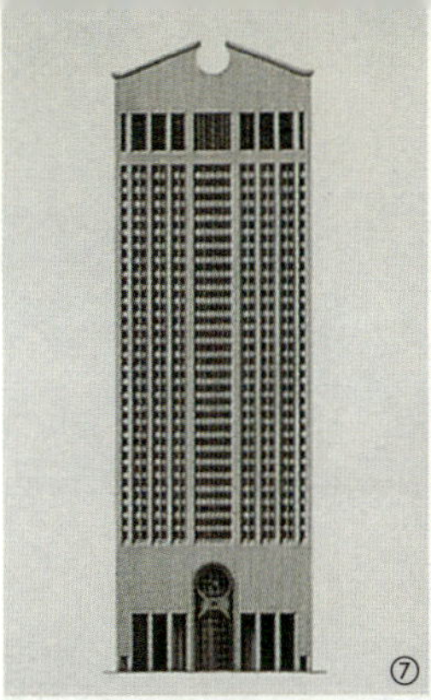

①筑地本愿寺（东京），与伊斯兰建筑的融合 ②东京国立博物馆·本馆 ③～⑤盈进学园东野高中（埼玉），和式要素和现代主义的组合 ⑥哈斯大楼（维也纳），街区的历史通过镜面玻璃来表现 ⑦AT&T大厦立面图（纽），拥有超尺度的古典建筑的特征 ⑧旧联邦议会楼（柏林），流线型样式的增建 ⑨明治生命馆（东京），新旧明确的对照 ⑩卢浮宫（巴黎） ⑪里昂歌剧院 ⑫伊丽莎白二世大英博物馆法院（英国）

作为后者的例子，有很多积极表现集各种不同风格于一身的非常大胆的建筑(⑧)。

近年来，由于人们越来越关注对有利用价值的建筑的保存和活用，出现了很多利用材质的差别等一边塑造出“历史性—现代性”的风格对照，一边将其融为一体的建筑(⑨～⑫)。

①

②

③

④

⑤

⑥

⑦

◉——在人们移动的路线中，常常会隐含着许多故事和空间体验。在现代的城市和建筑中的流线布置中，我们重点讲述如何将人们行走的路线变成一组连续的空间镜头片段，以及如何使人和物的流通更有效率。前者是通过布置移动路线使各个空间变得流畅，并注重移动轨迹的视觉效果(① ~ ④)，另外，数条直线或曲线流线的重叠会得到一些空隙，可以将它们活用于外部空间或建筑空间中(⑤ ~ ⑨)。后者是通过将分散布置的空间与交通流线紧密结合，来使具有一定距离的各种空间在功能上紧密联系起来(⑩ ~ ⑯)。中世纪的城市中，交通流线往往以钟楼为起点，在人们心中

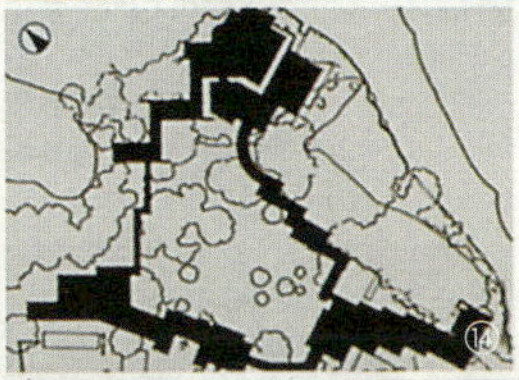

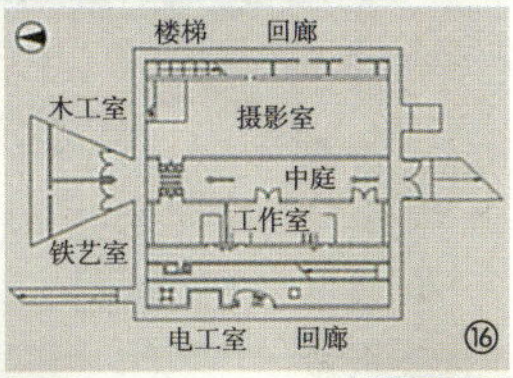

①～④赫尔辛基现代艺术馆，使用有重量感的素材，交通流线是和建筑空间一起被考虑的 ⑤埼玉县立大学的中庭流线 ⑥⑦葛西临海公园展望广场旅游招待所（东京） ⑧⑨新潟市民艺术文化会馆建筑内外的回廊 ⑩石美术馆（枥木） ⑪ARCUS（横滨市） ⑫横滨大栈桥国际客船总站 ⑬⑭路易斯安那美术馆（丹麦），各个小型展览室和将它们连接的回廊构成了平面 ⑮⑯国际情报科学艺术学院多媒体工作室周围的回廊（岐阜） ⑰西西里的陶器小镇（意大利） ⑱里亚托桥（意大利）

的认知地图中肩负起重要的功能(⑰⑱)。

①

②

③

④

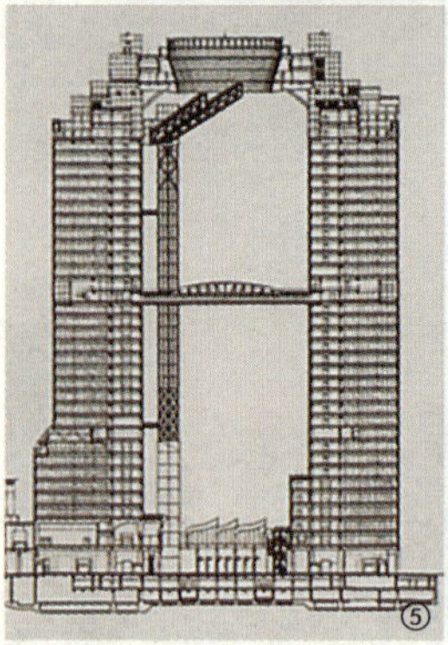

⑤

⑥

⑦

◉——站在“在空中连接”这个视点上俯视现代建筑的话，可以看出工业化、理想化、抗争化这三个关键词。高层建筑为了抵抗地震力和风荷载而具备安定性，而其高耸入云的城市形象成了近现代大城市的代表(① ~ ⑤)。另外，在空中联系两处场所的空中走廊，会根据不同构造上的、环境上的特点而融入构造的连续性设计中(⑥ ~ ⑪)，这样联系两点的线形建筑，在将人的交通流线体现出来的同时，也将人类与周围环境的抗争性表现了出来。在皮拉内西对罗马的想象版画中，强迫犯人反复的进行上升和下降，描述出了一种自我反省的监狱世界观(⑫)。将分离的两地连接起来的桥梁，不仅

⑧

⑨

⑩

⑪

⑫

⑬

⑭

⑮

①～⑤梅田空中庭院展望台（大阪），两座大楼的造型和跨于其中的连接体给人带来很强烈的浮游感 ⑥⑦京都火车站大楼，距地面50米的空中通道 ⑧东京国际论坛大厦玻璃大厦中庭中的空中天桥 ⑨库洛美术馆的连接通道（瑞士）⑩范内尔设计工场（荷兰）⑪SANNVITARE的住宅（瑞士）⑫皮拉内西的监狱（意大利）⑬塞戈维亚水道桥（西班牙），连接两个山丘的石造拱形桥 ⑭锦带桥（山口）⑮千年桥（伦敦），步行吊桥

是人们行走的一种交通手段，也是有利于文化交流的一种事物(⑬～⑮)。

①

②

③

④

⑤

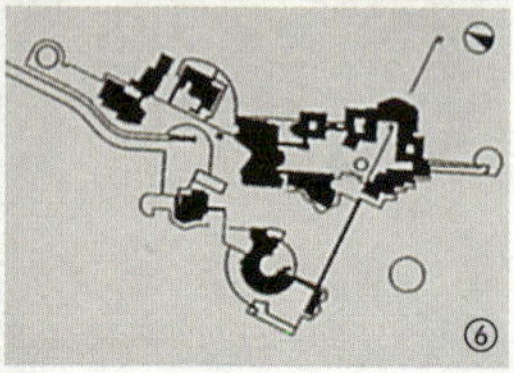

⑥

⑦

◉——“分节连接”这个手法是由空间性的连接而引起的，将连续的空间构成复数的许多部分，或者是从那些部分的组合中构成全体，这在那些需要能与周边环境抗争的中低层建筑中到处可见(① ~ ⑦)，另外，在对现存建筑的扩建与改建中也可以见到(⑧ ~ ⑪)。在庭院和规划中，有将建筑群和庭院空间分散布置的环游式，还有用大小池塘包围建筑的中国式(⑫⑬)。经常年扩建堆积而成的建筑群，产生了一种由片段式空间组成的像电影连续镜头一样的空间构成(⑭ ~ ⑯)，根据教学分组分散布置教室就是一个典型的事例(⑰)。

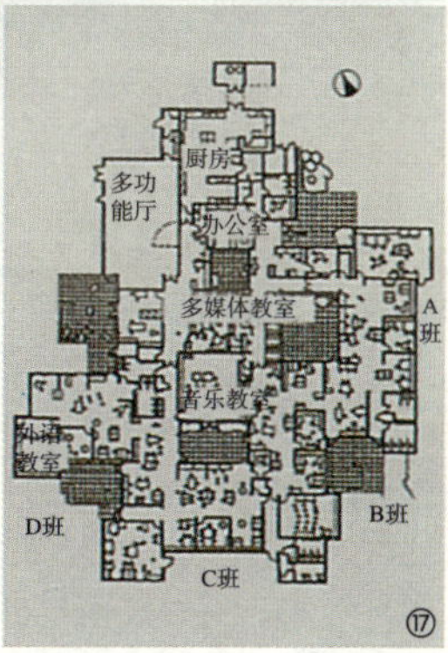

①赫尔辛基理工大学（芬兰），中庭和大大小小的低层建筑物分散布置 ②～⑥盖蒂中心（加利福尼亚），由于盖在山地上，所以展示楼、研究楼都很开放 ⑦北欧艺术中心（挪威） ⑧⑨丹麦皇家图书馆新馆 ⑩古堡美术馆（意大利） ⑪为了保护罗马时代遗迹的遮挡物（瑞士） ⑫桂离宫（京都市） ⑬拙政园（中国） ⑭利拉修道院（保加利亚） ⑮伊斯坦布尔大市集（伊斯坦布尔） ⑯严岛神社（广岛） ⑰奇鲁蒙特小学教室平面图（英国）

①

②

③

④

⑤

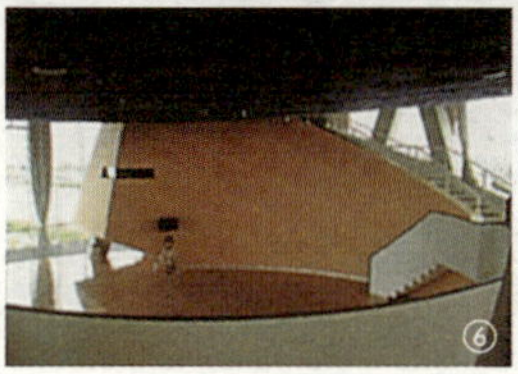
⑥

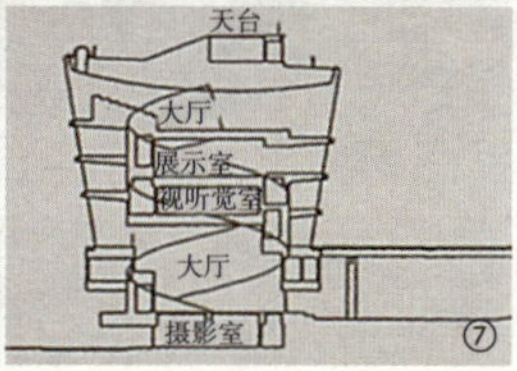

⑦

◉——人可以通过行走来实现水平的移动，但是垂直的移动就不是这么简单的了。建筑从古代的时候就开始使用楼梯这个联系上下的元素来解决这个难题，在大型建筑中这可以作为一种创造地形的方法，大型楼梯为主要的手法，另外还有电梯、空中连廊、车站侧面挂着的紧急楼梯等许多手法(① ~ ④)。也有些建筑把上下移动的流线和建筑的主题紧密地联系在了一起，比如直接把上下移动的流线作为建筑设计的主题的例子(⑤ ~ ⑦)。此外，除了优美的旋转楼梯(⑧⑨)，直接而有生气的大型楼梯(⑩)，与中庭融为一体的坡道(⑪)等，还有电梯(⑫)等机械装置，这些都不仅仅是为了满

①～④京都站大楼，用大型楼梯和大型玻璃屋顶来构成建筑的骨架 ⑤～⑦潟博物馆（丰荣市），将连接上下移动的流线作为一种实体来创造 ⑧卢浮宫的螺旋楼梯（巴黎）⑨伦敦市政厅与中庭一体化的螺旋楼梯 ⑩东京设计中心的直线楼梯 ⑪法兰克福现代艺术美术馆的坡道 ⑫罐头厂码头地铁站的电梯（伦敦）⑬布达拉宫的直线楼梯（中国西藏）⑭西西里的陶器小镇的楼梯（意大利）⑮瓦拉纳西的Gart*（印度）⑯吉备津神社的回廊（冈山）

足功能上的要求，还可以用来提高建筑空间的品质。另外，在近代之前的建筑或城市中，由于地形起伏而带来无限趣味的例子数不胜数(⑬～⑯)。

* Gart：印度恒河边的一种阶梯，印度教徒会在此虔诚的沐浴、刷牙、洗涤。——译者注

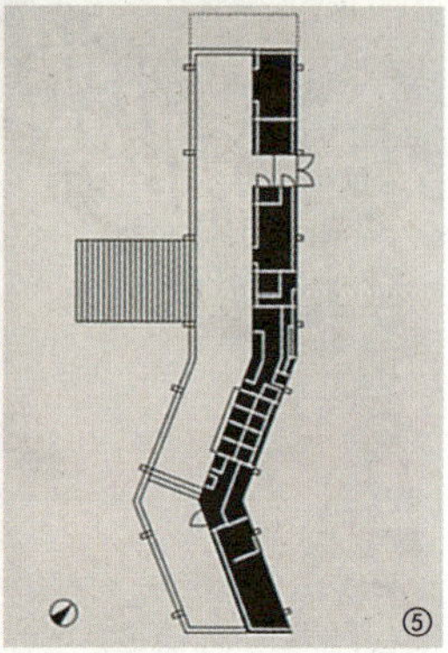

◉——“缓和的连接”这个手法大致可以分为两类，将复数的体块连接的手法和插入一个中央领域的手法。前者是将拥有不同功能、高差等的空间进行大规模的统一化处理(①②)，或是将复数的空间根据统一地形或视觉等进行无缝隙的连接(④)，以及将有明确功能的空间与没有明确功能的空间连接起来(③⑤)。另外，有用大屋顶等大型要素将许多散乱的空间生动地连接起来的手法(⑥⑦)，更进一步的话，建筑可以利用中庭等空旷的空间来建立统一感，以及使其产生一种视觉上的通透感，这时，距离感和层次感的设计显得非常重要(⑧⑨)。作为后者的例子，集合住宅中有时会插入过

①②公立函馆未来大学与中庭一体化的空间 ③⑤HIMURO住宅（枚方市），长长的室内空间连接起了各个功能明确的空间 ④鬼石町多功能礼堂（群马）⑥伊丽莎白二世大英博物馆法院（伦敦）⑦奥塞美术馆（巴黎），玻璃屋顶覆盖了展示空间 ⑧阿尔罕布拉宫的中庭（西班牙）⑨客家的圆形土楼（中国）⑩四十柱宫的入口（伊朗）。非常有特征的中间领域 ⑪仁和寺·宸殿（京都），这种半外部空间很自然的开放是日本传统的一种手法 ⑫⑬岐阜县营北方住宅·高桥楼，土地的房间缓和了公私领域的交界

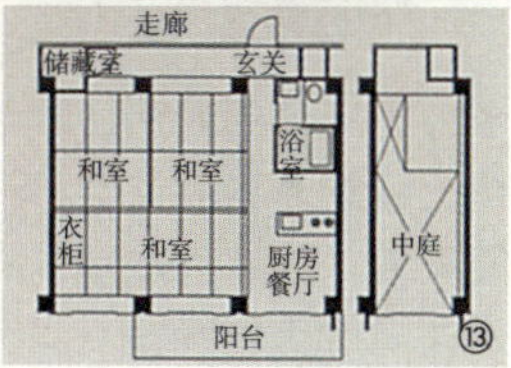

渡空间，用来缓和地连接私有空间与公共空间(⑫⑬)，这些有点类似于半室外空间那种与自然面对面的感觉(⑩⑪)。

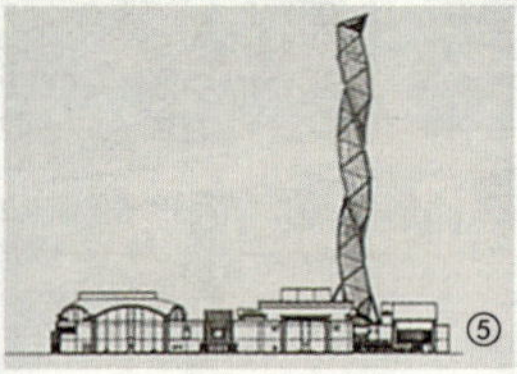

①Agbar Tower（巴塞罗那）②法国国家图书馆（巴黎），布置在四栋高楼围合起来的低层空间中 ③越后松之山“森林学校”（新潟）④水户艺术馆 ⑤同上：西立面图 ⑥富士电视台本部大楼（东京）⑦Les Arenes de Picasso Manolo Nunez Yanowsky（法国）⑧立方米家（鹿特丹）⑨毕尔巴鄂古根海姆美术馆（西班牙）⑩葛西临海水族园（东京）⑪圣玛丽斧街30号（伦敦）⑫马图拉的旧街市（印度）

◉——所谓的对比，就是指将性质、式样不同的同类事物配成对来强调它们之间的差异。虽然将不同的事物分成组有一点矛盾，但无论在自然界还是在建筑、城市中都可以经常见到。

对比这种手法能让人思考许多事情，但形态对比作为一种建筑空间表现手法还是很单纯而且容易理解的。由低层和高层的组合带来的水平、垂直的对比，无论在单一建筑中还是城市尺度中都是很常用的(① ~ ⑤)。特别是在城市的尺度中，利用垂直方向的高度差可以塑造出地标式建筑，哥特式建筑的尖塔和伊斯兰建筑中的尖塔都是其例子(⑫)，现代建筑中也能看

⑨

⑩

⑪

⑫

到那样的事例(①⑪)。

另外，不是只有高度差这一个方法，也有利用造型来与街道或是自然等周边环境来做对比的(⑨～⑪)。近年来，还有一些与现存的街区做对比并使用明显不同的形态来突显自身存在的建筑(⑨⑪)。除了像这样和周边事物的对比，还有在一个或者一群建筑中使用不同的形态来彼此托显的事例(⑥～⑧)。

①

②

③

④

⑤

⑥

⑦

⑧

◉——在建筑和城市空间中，利用自然光或人工光来表现空间的例子非常多，光明、光线可以带来“昏暗”、“黑暗”、“影”的概念，采光可以通过这些来表现各不相同的空间状况。

“昏暗”从字面上就可以看出是亮度低的状态，但还含有一点点的光线的意思。比如古代的教堂建筑，利用彩色玻璃来制造射入光线的差别，使墙面具有丰富的表情(⑦⑧)；现代建筑利用有孔木板、百叶窗、半透明材料等将建筑内外的空间对比出来(①②④～⑥)。

与此相对，“黑暗”就是没有任何光线，显示出一种绝望的状态。虽然说

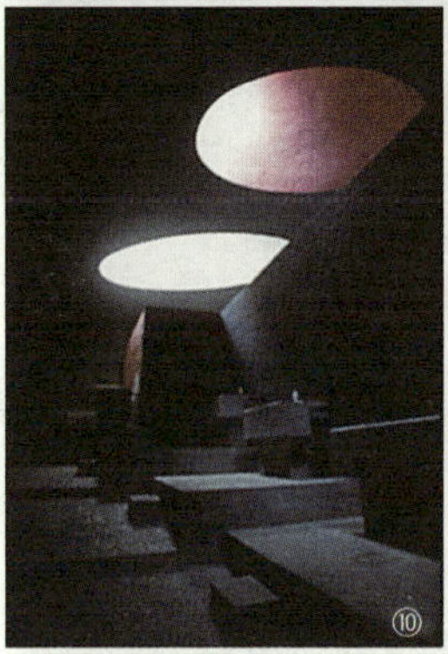

①VINIJJYU多媒体室（法国），内部，白天可以透过板材上的孔看到外面 ②同上：外观 ③维克托·埃马努埃莱二世广场（米兰），从玻璃屋顶射入的光线照亮了街道空间 ④～⑥松本市市民艺术馆 ⑦⑧勒兰西的圣母教堂（法国）⑨万神庙（罗马）⑩拉图雷特圣玛丽修道院（法国）⑪尼姆当代艺术中心（法国），半透明的楼梯宛如浮于空中 ⑫东京国际论坛大厦，发光的地板消除了人们的影子，产生了浮于地板之上的感觉 ⑬⑭六本木Hills COUNTER VOID

哪怕如果有一点点的光线射入，也不能再叫“黑暗”了，但当其作为一种表现空间的手法使用时，可以在“黑暗”中射入一束光线来产生明暗对比，用光和黑暗来互相强调(⑨～⑪)。

而另一方面，“影子”可以显示出光照在物体上所反映出的形状。影子是由于周围的明亮状态而产生的，有些建筑就用心地考虑了“影子”而建，利用影子来表现浮游般的空间(⑫～⑭)。

①

②

③

◉——开闭，是建筑对人最有戏剧性的“仪式”之一。建筑的开闭，可以使视点像舞台的转换一样变化，改变所见事物的意义，能使人的意识由近至远，在感觉上、意义上跳跃向新的世界。

闭合的空间内部，可以形成一个很亲密的场所，能使空间与世隔绝，将人们的思维聚集到一点上，从中透出的萤火一样的光线，向外界展示了其与其他地方是完全不同的(①)。但是当门打开后，空间和外界有了联系(②)，这时这个空间开始把人们向外面吸引，在带来开放感的同时，也给予了人们踏入新世界的冲动(③)。

①～③Leaf Chapel（山梨），树叶状的遮挡物向着前庭打开，它上面的花纹白天会借着天光映入室内，到了晚上，内部的光又会让它像星星一样发光
④桂离宫（京都市），从古书院里可以看到观月台，观月台前面有停船场，稍微遮挡了观月台，不让视点直接落在观月台上⑤⑥里特维德-施罗德之家（荷兰），通过机关的开闭，可以将房间变成四间小房间，改变了其空间的连续性

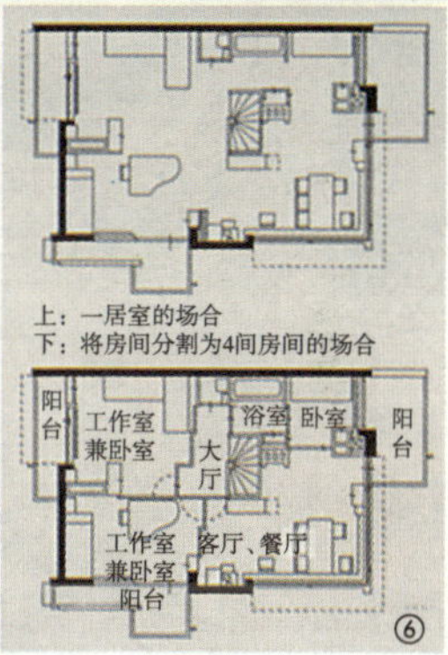

日本传统建筑很擅长利用开闭来使人产生视觉的跳跃，当隔扇打开时，就会将人们的视点沿着平台飞入池中（④）。如果能把房间的进深、平台的宽度、池塘和岸边的距离，还有隔扇的宽度都设计得很合适的话，就能表现出这样的视觉效果。开闭还可以将彼此生活的场面和人们之间的关系或联系或隔开，使空间具有功能上的多重性（⑤⑥）。
我们可以通过像以上所说的那些方式将两个不同性质的空间连接，用来表现许多很有意思的转换。

①

②

③

④

⑤

⑥

⑦

◉——色彩是通过光的反射被人认知的，所以当光线变化时，映入我们眼中的色彩也随之变化。而且，周围的环境色彩也有一定的影响因素，比如同样使用红色时，绿色和褐色的背景就会带给我们截然不同的感受。像这样将两个以上的颜色放在一起，就会由于它们色彩属性的不同而产生对比的效果，在城市和建筑中使用色彩对比可以强调出它们的形态、领域、空间等。

作为事例，有将自然界的色彩对比直接用于建筑的(③④)，也有利用与街道的色彩形成强烈反差而使人印象深刻的建筑(⑥⑦)。另外，还有将内部

①② Schaulager博物馆（瑞士），建筑物的凹凸由色彩强调着 ③摩洛哥的村落，土色和植物的绿色产生对比 ④Pitigliano山城（意大利）⑤百水屋（维也纳）⑥横滨中华街·善邻门，用独特的色彩提示着这里是中华街的入口，成为街区的象征 ⑦同上：市场入口 ⑧切割的圆环（伦敦），这个入口广场的空间是将由建筑构成的圆环切割得来的⑨⑩Zell街上排列的房屋（德国），将所有半木结构的房屋的颜色统一后所得到的街道景色 ⑪⑫利拉修道院（保加利亚），用黑色和白色强调出拱形结构

和外部表现为相对的两个极端的建筑(①②)，将建筑空间的分割(⑧)、内部空间的差异(⑤)、构造形式(⑨～⑫)等通过色彩表现于外部的建筑。所有的这些，都需要将色彩与形态相结合，才能更好地发挥色彩对比的效果。

但是在进行色彩对比时，有可能使建筑的色彩无法与周围相和谐，因此，在设计时必须把周围的环境考虑清楚。

①尼姆当代艺术中心（法国），作为现代美术中心和大众传媒资料馆，建在古罗马建筑的对面产生对比 ②③卢浮宫（巴黎），地面上与古建筑形成对比的玻璃金字塔和为了采光在地下呈倒金字塔形的部分 ④Rue Des Suisses公寓（巴黎），在旧建筑之中不留空隙地埋入新建筑 ⑤东京大学工学部1号馆，点亮旧墙壁 ⑥里昂歌剧院 ⑦⑧德国新议会大厦（柏林），顶部为大玻璃圆顶

◉——新旧对比这个手法，是在城市的急剧变化中诞生的。城市是由历史的沉淀而得来的，而古建象征着它所在的那一片领域的历史。当城市的生活样式或者文化产生变革时，有时会将古建拆掉，盖一座新的建筑；有时则会保留能代表那一领域的古建地标性建筑，并添加一个新的空间。后者就是采用了新旧对比这个手法。在新旧对比手法中，有在一个区域内同时布置新旧的建筑的(①②)，有在建筑的某一部位接出一个新的部分的(⑤～⑦)，有在古建中使用新的构造的(⑤)，还有将古建筑与新建筑连接的方式(④)等。新旧建筑技术的对比，可以让古建筑和新建筑在视觉上都得到突出。

⑤

⑥

⑦

⑧

为了反映时代最新的技术，新建筑肩负着展现名为“现代”的历史性，所以，城市空间中新旧建筑的对比，使城市变成了能把这种历史积累而来的时间深度在视觉上表现的空间。随着领域的用途和建筑空间内外人流的变化，像这样一边创造新旧空间造型技艺之间的联系，一边在空间上植入新的人与物、人与人的关系，古建所代表的领域也会带给人们新的意义。

①里奥拉教堂（意大利）②特米尼火车站（罗马）③奥塞美术馆（巴黎）④联合国总部大厦（纽约）⑤乌特勒支大学教育馆（乌特勒支），地板弯曲着渐渐变成顶棚 ⑥维也纳邮政储蓄银行 ⑦奥地利旅行代理店（维也纳）

◉——建筑的墙面、天花板、地板等一般都是平面的，但其实“折弯”可以为空间带来很活泼的节奏和跳跃感。折弯这个手法可以分为垂直方向的折弯和水平方向的折弯，将柱子、梁等线形构造部件在垂直方向上折弯，可以创造出连续的有包含感的空间(① ~ ③)；将普通的构造部件弯曲后水平或者垂直的布置，可以创造出轻快柔和的空间，同时这也是将构造部件作为美观因素来设计的(①②)。另外，将顶棚、楼板等做折弯设计的话，更能够给予空间方向性和突出点(④⑤)，以及开放而丰富的形体感(⑥⑦)。

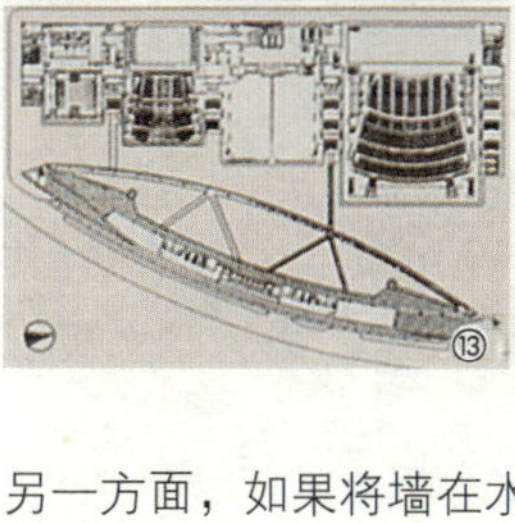

⑧⑩新宫殿（维也纳）⑨皇家新月楼（英国），拥有庭院的30户住宅呈半月形排列 ⑪Park Crescent（伦敦）⑫⑬东京国际论坛大厦 ⑭皮卡迪利广场（伦敦）⑮GSW总部大楼（柏林）⑯UNO城（维也纳）

另一方面，如果将墙在水平方向上变成一个曲面的话，就能够创造出建筑的深度和广度，创造出一种吸引人走入深处的感觉(⑧⑩)。另外将通往建筑的空间和交通流线设计成曲线的话，则可以消除直白的感觉，增加人们对建筑内部空间的好奇心，促使人们走向更深处(⑧⑭)，这可以说是需要将人往更深处引诱时很有效的手段。另外，将建筑物在水平方向上折弯的话，可以将从建筑向外看的视线集中，相反地，也可以使视线发散(⑨⑪)，这是在规划视线时很有效的一种手法。

①

②

⑤

③

④

◉——当建筑的空间体块从通常的状态变得“错位”时，就可以在空间上给予人们活泼、鲜明的印象。在错位的方法之中，有水平方向的错位，有垂直方向的错位，还有将这两者结合起来向两个方向错位的，这样做的目的有的是为了解决工程技术上的问题，而有的则是为了造型好看。

比如将建筑上下左右都缓缓地错开，是因为考虑到了热环境负荷以及日照条件来决定的，同时，这样做也创造了独特的外观(①)，另外，还有在平面上和垂直方向上都应用错位的设计而使建筑的形态富有丰富的变化的建筑(②)。高层建筑为了解决容积率、抗风性、日照规律等问题，更是频频

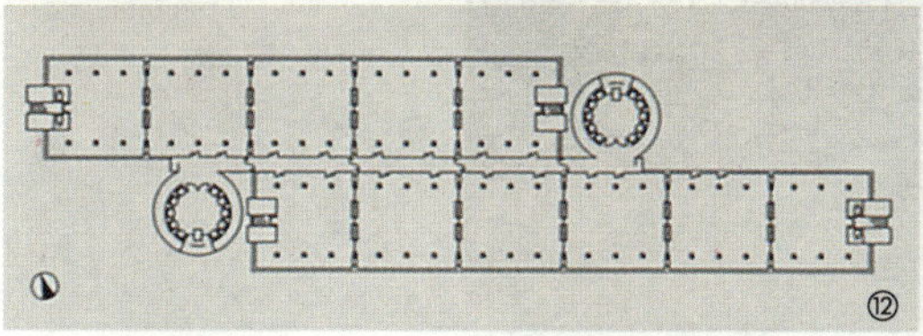

①伦敦市政厅（英国），各层地板逐渐错开，整个建筑呈倾斜状 ②樱台合院式住宅（横滨市）③芬兰馆（赫尔辛基）④Rau StraBe的城市度假村（柏林）⑤东京索菲特酒店 ⑥卢塞恩的集合住宅（瑞士）⑦柏林集合住宅（德国）⑧Torre Velasca（米兰）⑨卡尔·马克思大院（维也纳）⑩帝国大厦（纽约）⑪西尔斯大厦（芝加哥），高度不同的九个正四角柱连接而成的建筑 ⑫⑬Palace side办公楼（东京）⑭新宿PARK TOWER（东京）⑮4m×4m之家（兵库）

使用错位的手法，让上下层平面错位(⑤)，通过下大上小的错位避免笨重感(⑩)，在调整空间体块时也常常使用这种方法(⑪⑭)。形态单调的高层集合住宅中，将每个住户在平面上错开，不仅可以获得好看的外观，还可以得到良好的日照条件(⑥)。也有一些建筑为了适应非规整形状的地段而采用错位设计(⑫ ～ ⑭)，在想赋予某个空间特殊的意义时，可以将这个空间错位突出出来，以使它拥有特性(⑮)。

①百水屋（维也纳），利用华丽的色彩和排除直线的造型，在我们面前展现了一个艺术家的作品 ②KPN大楼（鹿特丹）③圣三位一体教堂（维也纳）④Onward Daikanyama Fashion大厦（东京）⑤多纳什的第二间歌德纪念馆（瑞士）

◉——“破坏”这个手法可以和整合建筑的那些手法做对比，具体来说就是对建筑整体或者是一个部分设置一个角度，将形体扭曲，或是打破对称等，将有秩序的状态破坏。在破坏之中也分为很多种程度，有的是将建筑整体带有跳跃感地破坏，从而构成一个有动感的建筑(① ～ ③)，还有将平面或内部的某一个构成要素破坏，从而使建筑从单调无味中解放出来(④⑤)，这种手法在现代建筑中很常用。

另一方面，打破平衡这个手法在古时的宗教建筑中经常见到，虽然教堂建筑一般都是采用对称设计的，但也有时会因为建筑样式的变迁和建设资金

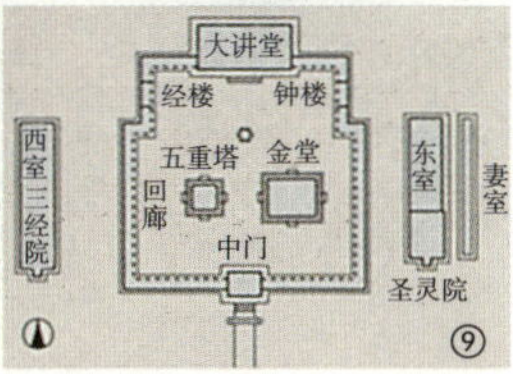

⑥花旗集团中心（纽约）⑦⑨法隆寺·五重塔（奈良）⑧Casa del Fascio（意大利）⑩奥斯陆市政厅（挪威）⑪圣安布罗焦教堂（米兰），由于使用了大规模的回廊，空间很爽朗 ⑫格拉斯哥美术学院（苏格兰）

的不足等问题出现非对称建筑(⑪)。左右对称的设计可以令建筑增加安定性、威严感和权威性等，但是，如果将一边的高度、大小变化以打破这种平衡的话，在保持全体的平衡的同时，也能带来一种柔和的印象和动感(⑦⑨⑩)。非对称空间可以缓和空间的紧张感，带来很吸引人的魅力，另外，由于一般建筑都使用对称的设计手法，这种非对称的手法就可以给建筑带来个性(⑥⑧⑫)。

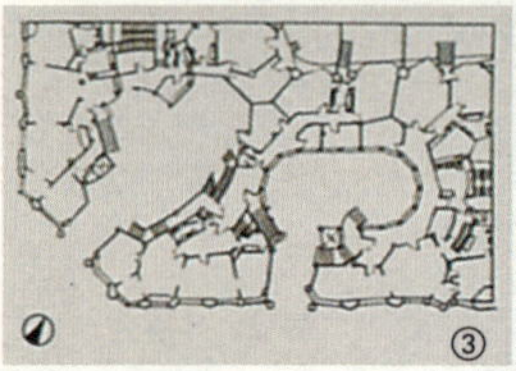

◉——建筑物一般都是由面构成的，而如果使用复杂而不规整的曲面构成，就能够创造出栩栩如生的空间。利用将建筑物的墙壁、地板、屋顶等设计成此起彼伏的蜿蜒曲面，能使建筑就像是大自然创造的事物一样，变成了一个一个独一无二的空间(④⑦⑫)。所诞生的空间并不是那种规格化的工业产物，而是一种像是在主张“独一无二的东西才是适合人类的东西”的空间(① ～ ③⑧⑨)。另外，由蜿蜒的墙面、屋顶得来的光滑轮廓线，与直线构成的建筑截然不同，给人以非常柔和的印象(⑥⑧⑪)。
以现代电脑技术的发展为背景，可以创造出形态非常复杂的空间。3D技

①③米拉公寓（巴塞罗那），波浪板的造型让我们感受到强烈的动感和山峦一样的厚重感 ②奎尔公园（巴塞罗那）④Shell House（柏林）⑤伊丽莎白二世大英博物馆法院（伦敦）⑥湖心大厦（芝加哥）⑦De Dageraad大厦（阿姆斯特丹）⑧柏林爱乐乐团音乐厅 ⑨LAPPIA-TALO（芬兰）⑩横滨大栈桥国际客船总站⑪Schlesisches Tor大厦（柏林）⑫LIGHT CAVE（东京）⑬⑭迪士尼音乐餐厅（洛杉矶）⑮慕尼黑奥运会主会场（德国）

术的高度发展，变成了建筑师将空间概念变成实体的工具，能够模拟出几乎与自然界有相等复杂程度的空间(⑬⑭)。但这并不是单纯的模仿自然产物，而是利用电脑技术创造出新的“蜿蜒空间”(⑤⑩)。

如果运用大尺度的蜿蜒曲面的话，就可以实现超越当地文脉的空间(⑩⑬ ～ ⑮)，但是与其在理论上解释“蜿蜒空间”，更应该实际的去体验那种有压倒性存在感的空间。

①

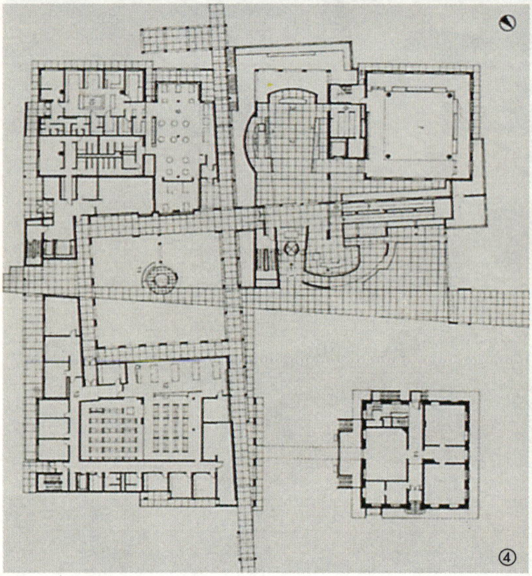
④

②

③

⑤

◉——由笔直的轴线或者是成直角相交的两条直线轴线可以形成一种均质空间，而如果将这种轴线旋转的话，就会打破均质性，产生紧张感和朦胧感，给予空间一种生动的感觉。旋转轴线的方法有两种，一种是在中间把轴线折出一个角度，另一种是把成直角的两条轴线改变成其他的角度。

旋转轴线可以缓和轴线和空间的强硬感，减轻紧张感和喘不过气来的感觉，创造出柔和的空间(①⑥ ～ ⑧)；呈缓和角度布置的轴线，可以沿着其诱导视线，提高人们对前方空间的期待感，是具有引诱人们功能的手法(②③)。相反地，旋转轴线也可以凸显那条轴线的存在，也就是说，让人

⑥

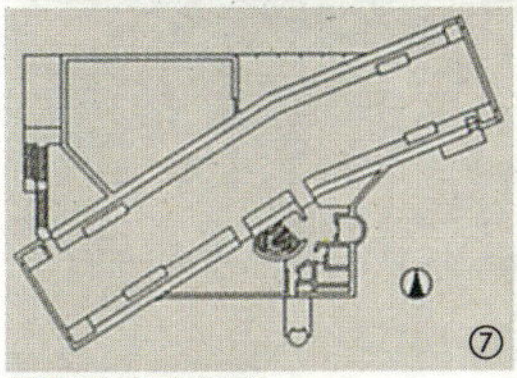
⑦

⑧

⑫

⑨

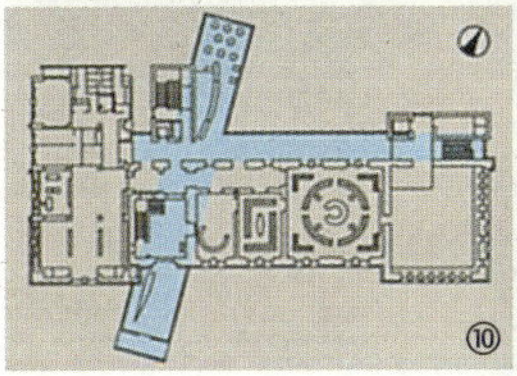
⑩

⑪

①群马县立近代美术馆 ②JR品川站（东京）③法隆寺（奈良）④⑤法兰克福现代艺术美术馆（德国）⑥～⑧东京工业大学百年纪念馆，半圆筒形的空间轴稍稍偏离，给我们带来一种无机质空间的动感 ⑨⑩国际儿童图书馆（东京）⑪⑫拉德芳斯新世纪大拱门（巴黎）

强烈地意识到轴线的存在这件事情，比如说将在起始点呈直角相交的两条轴线变换一个角度，就可以实现有紧张感的平面设计(④⑤)。另外，在有一条作为基准的主轴时，在它旁边改变一个角度设置一条新的轴线的话，在这条新的轴线被强调的同时，也可以唤起由这两者的对立而产生的关系性(⑨～⑫)。

旋转轴线这个手法，是具有既可以减轻空间的紧张感，也可以相反地提高紧张感的作用的手法。

①

②

③

④

⑤

⑥

⑦

◉——“全体悬浮”就是使用柱子和梁等使建筑整体上浮的手法，因此，建筑物会和地面分离，之间产生的空间可以自由地用于各种活动，这是柯布西耶所提倡的近代建筑五项原则之一，在他所设计的萨伏伊别墅中都很清楚地体现了(⑫)。在小规模建筑，特别是住宅中，这种手法所带来的不仅仅是上层所具备的隐私性，还可以确保四周相等的窗户面积(⑪)。
在大尺度建筑中，由于将全体上浮，可以给各个边角提供平等的亲和力(⑤ ～ ⑦)。对于建造在广场中心位置的大规模建筑，这种手法不仅可以保证良好的视觉通透性以及降低压迫感，还可以确保与周边的无间断的交

①③巴黎国际大学巴西学生会馆（巴黎）②④同上：外观 ⑤⑥巴黎国际大学瑞士学生会馆（巴黎）⑦同上：只有柱子没有围墙的部分 ⑧东京国际展览场会议中心 ⑨同上：在脚下产生球心性的空间 ⑩广岛平和纪念资料馆 ⑪⑫萨伏伊别墅(法国)，外观 ⑬仙台多媒体图书馆，建筑物内部图书馆的模样，在一个巨大的公共空间中，市民可以读书、看报等，可以形成一个目的性很强的空间

通流线(⑩)；对于公共设施，上浮全体可以令建筑本身变成一种地标，提高广场的身份性，在其脚下产生向心性和中心性(⑧⑨)。

另外，利用大型桁架管将地板全体上浮，可以得到一种并不重视建筑的固有功能，而是在重视空间连续性的同时考虑灵活性的空间(⑬)。

①

②

③

④

⑤

⑥

⑦

◉——将很牢固的建筑的一部分悬浮出来，由于它在物理学上的不稳定，所以经常会给人带来无法形容的不安感，这是“部分悬浮”这个手法所带来的一种趣味。虽然建筑本体有非常坚固的感觉，浮出的这一部分却可以增加建筑的轻快感和开放感，因此人们经常利用这种特性将这种手法运用于建筑的主要出入口上(① ～ ⑥)。另外，对于成对建造的高层塔式建筑，有一些将顶部悬空连接的事例，能给人们一种“牛郎织女在空中相遇的风情”以及物理上的不安定感和开放感(⑦)。

另一方面，当悬浮的对象不是立体的东西，而是像屋顶那样的板状体时，

①～③松本市市民艺术馆，将一部分浮起，可以得到延伸出来的一个很大的空间 ④箱根雕刻之森美术馆·本馆（神奈川）⑤开国下田港（下田市）⑥神奈川近代美术馆·镰仓别馆 ⑦梅田空中庭院展望台（大阪），外观⑧绿洲21·水飞船（名古屋市），外观 ⑨⑩同上：在人工水面下方的中庭中，会倒映出屋顶上水的波纹。⑪⑫NEMUNOKI儿童美术馆（静冈）⑬长冈市立剧场（新潟）⑭新潟市民艺术文化会馆 空中庭院

可以作为室内空间与室外空间的过渡性空间来使用。比如说像“绿洲21”那样，用强化玻璃制作凸出来的屋面，并在上面注入浅浅的一层水，可以起到吸收热辐射的功能(⑧⑨)，是一种让人体验将水波的摇动放置于大城市中心的新花样(⑩)。NEMUNOKI儿童美术馆使用有透光性的纸浆材料来建造整个屋顶，使光线可以柔和地射入室内，更加表现出将美术馆置身于森林之中的情趣(⑪⑫)。此外还有一些例子，故意将设施内的门厅、大厅等分散布置，使它们之间产生的空隙变成一种可以利用的新的自由空间(⑬)。

◉——从建筑的比重来看，它绝不可能浮在水面上，对于微微泛着波浪的水面，建筑实在太重、太生硬了，因此我们只能将建筑伪装成浮于上面的样子，所以我们所说的“浮于水上”，仅仅是取得那样的象征性。对于尺度很大的建筑，将水面引于建筑脚下可以减轻建筑的重量感，利用在水中的地基将建筑的一部分抬高或架空的例子有很多(②③)。另外，用环境光照射的水面会和在水中映出的建筑的影子形成对比，使观看者产生浮游感，并体会到多彩的建筑风景(④⑥)。
在闭合的环境中使用水面，可以产生像镜子一样的效果，将建筑映入其

①浅仓五十吉美术馆（石川），浮于水面上的墙壁，适当的围合了出入口空间，并在水面上映出倒影，形成了静谧而有跳跃感的风景 ②③神奈川近代美术馆·镰仓馆 ④葛西临海水族园（东京），⑤⑦丰田市美术馆 ⑥⑧大阪府立狭山池博物馆（狭山市），建筑在水面上映出的影子成为了一种风景 ⑨金泽市民艺术村 ⑩长野县信浓美术馆·东山魁夷馆 ⑪⑭冈崎市美术博物馆 ⑫⑬枥木县中川水游园 ⑮⑯安昙野高桥节郎纪念美术馆（长野），内部的回廊和外部的中庭，因为水面的存在而产生了不一样的表情 ⑰石美术馆（枥木）

中，空间感大大加强(①⑰)。在用水、玻璃，或者用这两者的色彩所制造出的建筑中，水作为地面使用时可以给人带来更宽阔的视觉效果，是一种常用的建筑效果(⑮⑯)。

更进一步，水的运用可以创造出很漂亮、静谧的风景(⑤⑦)。

另外还有一种更直接的方法，在水面上描画出山水画般的意境也可以作为一种方法来使用(⑪⑭)。

①

②

③

④

⑤

⑥

◉——全长约4公里的跨海大桥，以两座主塔为节点横跨于海面上，这离不开桁架的强度、桥体材料的刚性、主塔的垂直性以及地基的荷载能力，材料力学、弹性力学、构造力学等物理工程学知识。由于对“悬挂悬浮”的形态进行过左思右想的设计，所以见到的人都能对其有一种肃然起敬的印象(③④)。还有一些模仿动物的骨骼，将构造的基本形式与外观的设计很理性地融合在一起的(①②)。特别是膜结构，能够直接从它自身的姿态中看到它的工程学特性(⑤)。

①②丰田大桥（丰田市）③明石海峡大桥（神户市），桥体桁架 ④同上：全景⑤高速公路过境检查站（法国），直接将膜屋顶的材料和方向作为表现手法来表现 ⑥国立代代木体育场·第一体育馆（东京）⑦⑧丰田体育场（丰田市），外观⑨香港汇丰银行，外观⑩⑪同上：中庭⑫汤格利美术馆（瑞士），外观 架在两边平行的墙壁之上的屋顶看上去非常的轻盈⑬东京国际论坛大厦内部

另外，像这样包含工程学基本形体的设计，可以得到强烈的个性。丰田体育场利用四个主塔悬吊起一个大屋顶，作为一个体育场产生了独特的形体(⑦⑧)；汤格利美术馆的屋顶是用壳形结构包裹钢体桁架，产生一种很轻盈的中空感，使架在两边平行的墙壁之上的屋顶看上去像是要飞起来了一样(⑫)。将屋顶悬浮起来的手法因为会带来轻盈感，所以会使室内空间看上去似乎多了一层(⑬)。

◉——将屋顶的一侧像帽檐那样推出来，在提供对风雨和阳光适当的遮挡的同时，也根据需要创造出了合理的半室外空间。即便是很小的庇护，也可以在下雨的日子里让人们有避雨的地方，并能为地面遮挡一些炙热的阳光，但不仅如此，这个手法还能创造出活泼的外观和让人着迷的美感(①②)。对于巨大的挑檐，只要能够确保有一个合理的高度，扩散光就可以使底下的空间足够明亮，与其说那是被遮挡而来的阴影，不如说是拥有树荫一样的照度，并且还可以得到适度被拥抱的安全感(③④⑥)。

另一方面，将建筑的一部分墙面推出来的做法，在改变其形态的同时，

①涉谷区立松涛美术馆（东京），正面玄关挑出的屋顶和它的影子使墙壁看上去很温暖 ②贝乐基金会博物馆（瑞士），既活泼又柔和的半透明屋顶 ③④卢塞恩文化会议中心（瑞士），最长可以挑出45米来 ⑤维多利亚厂房（德国）⑥兵库县立新美术馆（神户市）⑦东京工业大学百年纪念馆 ⑧LiF集合住宅（名古屋市）⑨⑩RIAS ARK MUSEUM OF ART（气仙沼市）⑪中银舱体大楼（东京）⑫西田几多郎纪念哲学馆（石川）

也为它创造了新的功能(⑦)。在美术馆等建筑中运用这种方法，可以使建筑中包含具有象征性表情的空间要素，提供一种戏剧化的公共空间(⑨⑩⑫)。另外，以往的小型住宅或者集合住宅往往都采用差不多的开口布置和采光面布置，而这种手法可以打破这种千篇一律的做法，创造出一种很不一样的街面外观(⑧⑨)。

◉——“通透物体”这个手法给人带来的心理感受，会根据通透的物体不同，而有很大差异。

透明性很高的物体，可以将视线和光直接透射到空间中，而使空间视觉的流动性加强，产生空间一体化的效果(① ~ ④)。另一方面，如果使用透明度低的材质的话，可以在遮挡对面的景象的同时，使光线柔和地穿透过来，增加人们对对面景象的期待感和不安感(⑤ ~ ⑧⑬)。

相反地，也可以利用物体的反射性质。可以将能反射光线的材质卷成一个

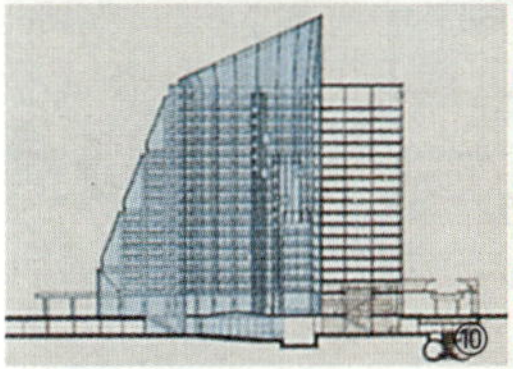

①②雪铁龙公园（巴黎）③新国家画廊（柏林）④卢浮宫的玻璃金字塔（巴黎）⑤爱马仕大厦（东京）⑥NERUBIPURAZA（都灵）⑦前川国男邸（东京）⑧丹佛国际机场候机楼（美国）⑨⑩詹姆斯·R·汤姆森中心（芝加哥），利用反射这个性质，将周围的事物映到中庭中 ⑪卡迪威百货公司（柏林）⑫东京国立博物馆·法隆寺宝物馆 ⑬耶鲁大学Beinecke贵重图书馆（美国）

桶状，将各种事物映于空间的中心，使空间具有迷幻性(⑨)和一体化的感觉(⑪)，甚至可以使材质背后的空间消失在眼前(⑫)。

这种手法其实就是一种如何运用光线的手法，为了获得这种空间操作带来的心理效果，必须很好地利用光线的变化给空间带来的影响。

◉——“透过遮挡”这个手法能够用于什么场合，能够表现出怎样的心理效果呢？

用墙那样完全的遮挡物分隔房间，会阻断空间本应拥有的时间概念，并且，由于时间概念的丧失，空间也会失去流动性，所以，就出现了一种既能保持这种流动性又能分隔空间的“透过遮挡”的手法，也因此出现了“遮挡”这个非常朦胧的概念。

当人们想看到什么东西的时候，如果中间存在这个“遮挡”的话，反而会增加人们想看的欲望，这种欲望有些类似于日本的含蓄美，是神秘性

⑧

⑨

⑩

①②阿拉伯世界研究所（巴黎）③④柏林犹太博物馆（德国）⑤光之教堂（春日丘教堂）（大阪）⑥⑦东京国立博物馆·法隆寺宝物馆 ⑧～⑩艺术与建筑商店（纽约）⑪～⑬出云大社的房舍（岛根）

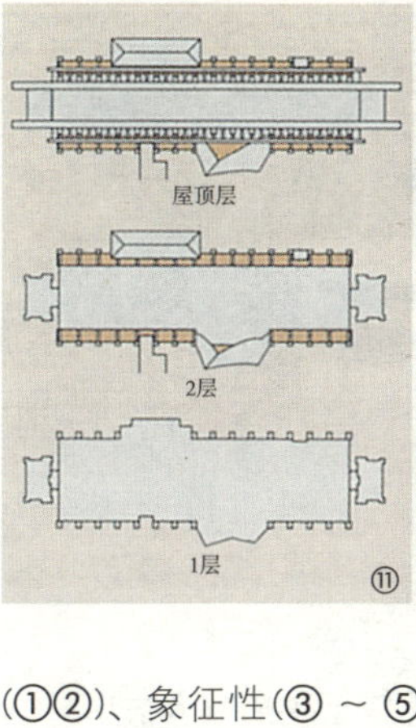

⑪

⑫

⑬

(①②)、象征性(③～⑤)，甚至连续性(⑧～⑩)和静谧性(⑥⑦⑪⑫)等心理效果在心中变化而来的。因此“透过遮挡”这个手法所获得的效果是十分细腻的，这种情况下，对于如何选择将谁视为“遮挡”，如何透过“遮挡”等都是十分重要的课题。

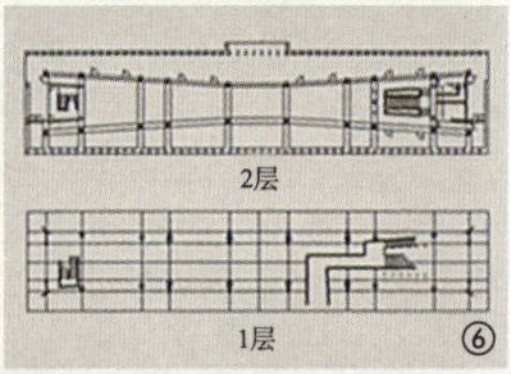

◉——与垂直贯穿的空间相比，水平贯穿的空间比较不容易被人察觉。

“水平贯穿”这个手法经常都是无意间进行的，但却是我们日常生活中经常可以体验到的空间，这种空间操作，经常利用视线的通透而使空间更易理解和提供更易移动的功能性。

并且，这种水平贯穿的空间可以带来强烈的冲击感，这时，我们不得不讲述一下水平贯穿后两边空间的对比。

将某个空间水平贯穿后，会在这个空间的两边出现一对对峙的空间，在我们对面的空间会起到将视线集中的作用。作为结果，这两边的空间产生了

①②拉德芳斯新世纪大拱门（巴黎）③千年桥（伦敦）④～⑥广岛平和纪念资料馆，在四角水平贯穿的空间前，向我们诉说了战争的悲惨和原子弹爆炸的象征 ⑦神奈川近代美术馆·镰仓馆 ⑧木之殿堂（兵库）⑨高冈山瑞龙寺（富山）⑩～⑫尼特罗伊现代美术馆（巴西），将空间水平贯穿，可以将视野变广 ⑬～⑮广岛市环境局中工场 ⑯京都站大楼 ⑰芝加哥奥黑尔国际机场候机楼（美国）⑱大阪海洋时空馆（大阪）

明确的差异，并且，这种空间的操作，暗示着对面新空间的象征性(① ～ ⑨)和永恒性(⑩ ～ ⑱)，从而引诱我们到对面的空间去。

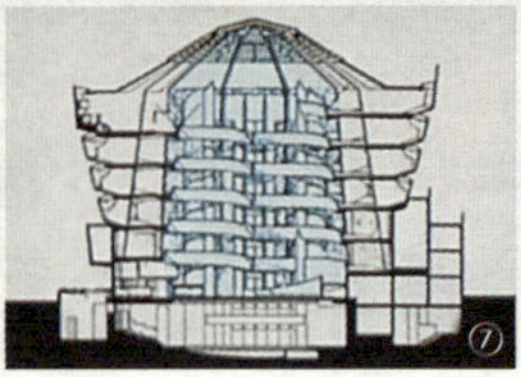

◉——“垂直贯穿”这个手法，到底能给我们带来怎样的功能效果和心理效果呢？

一般我们都认为垂直移动比水平移动更困难，另外，在我们规划空间时，总是无意识地先考虑平面布置后考虑剖面布置。之所以难以想象这些垂直空间，多是因为我们生下来后对水平方向的体验与经验要远多于垂直方向。因此，当我们面对能让我们想起剖面布置的垂直贯穿空间时，能够让我们感觉到很不同的感受。

“垂直贯穿”这个手法在功能方面，使忽视剖面的我们能够随着视线的开

①圣塞巴斯蒂安大教堂（里约热内卢），高达80米的垂直贯穿空间，在其顶部有一个用光组成的神圣十字架②柏林犹太博物馆③梅田空中庭院展望台（大阪）④⑤地下图书室（柏林）⑥卡迪威百货公司（柏林）⑦⑧古根海姆美术馆（纽约）⑨⑩伦敦市政厅（英国）⑪⑫新德国议会大厦（柏林）⑬大阪海洋时空馆（大阪）⑭仙台多媒体图书馆⑮海港未来线海港未来站（横滨市）

拓而更容易地理解空间，并提供便利的交通流线。另外在心理方面，利用将我们的视线引诱向上方或者下方，以表现期待感和开放感。而且，利用视线诱导来获得心理效果的设计，并不是单纯的通过“垂直贯穿”就可以得到的，在那之中还必须使用象征性的光线(① ~ ⑧)和螺旋状的造型(⑨⑩)、直线的方向性(⑪ ~ ⑮)等诱导视线的形态设计。

①

③

②

④

⑤

⑥

●——建筑的形态所拥有的重量感与建筑实际的物理重量并不是统一的，这种由体块所创造出的建筑的动感，R·阿恩海姆称之为“空间的视觉动力”。这与建筑的构造力学不同，是“由建筑全体的轮廓而产生的视觉的现象”。他认为“在视觉上所有的物体都拥有一个小小的重心，所有的物体都将依存于这个重心，并产生对其他物体的吸引力。”沿着重力方向的边缘是大多数建筑的轴，而偏离了这个基准的建筑会给人不安定、即将倒塌的印象(① ~ ③)。

上大下小的建筑形体否定了重力，给人一种从地上飞起来的感觉(④ ~

①麻省理工学院斯塔塔中心（美国）②同上：立面图 ③水户艺术馆 ④朝日啤酒总部大楼·朝日超级会堂（东京）⑤⑥密尔沃基美术馆（美国）⑦Marsyas（伦敦），这是由Anish Kapoor设计的巨型雕塑作品，展于泰特现代美术馆的入口处 ⑧养老天命反转地（岐阜）⑨本愿寺飞云阁（京都市）⑩桂离宫（京都市）⑪长野县信浓美术馆·东山魁夷馆

⑦)，相反地，向下挖掘的低洼，给人像是要吸入大地一样动感(⑧)。西洋建筑喜欢具有安定性的样式，多数是对称地建在稳稳坐于大地的基座上，与此相对，在日本的传统建筑中，喜欢错开能够带来稳重感的中轴线，避开像雁翅一样的对称，用细细的柱子将体块从大地上托起(⑨⑩)，这样的建筑会给人很轻快的印象，并且给人带来了水平方向的动感(⑪)。

◉——Philip William Metzger在《视觉法则》这本书中说:“运动无论在什么情况下，都能将实际的物体区分于周边，有着使形体明朗化的惊人力量。”动物的视觉有着将运动的物体立刻从环境中分辨出来的能力，作为创造建筑的人，肯定有过把这种“能让自己的建筑从周边脱颖而出的动感”作为自己设计的主题的情况。也许是在排列整齐的一排立方体中插入一个长而蜿蜒的平面(①②)，也许是在宽广的平面上排列许多球体(④)，或者将多角形曲折的面浮于平面上(⑤～⑧)，抑或是在方形的街角处运用一个波浪形的曲面(③)。在追求自由曲面的表现中蕴含着许多像这样的

⑨

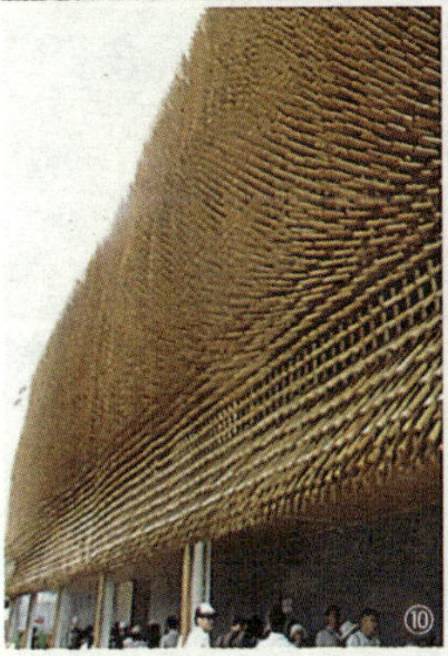
⑩

⑪

⑫

⑬

⑭

⑮

①②后墙（英国）③米拉公寓（巴塞罗那）④泰晤士河屏障（伦敦）⑤～⑧横滨大栈桥国际客船总站 ⑦同上：屋顶平面图 ⑨半地下音乐厅（芝加哥）⑩爱知世博会捷克馆（爱知），由这些很细的木棍组成了一个曲面 ⑪爱知世博会波兰馆（爱知），先用计算机得出曲面中各网格点的坐标数据，再用钢搭建出结构，最后再做出最外面的表皮 ⑫爱知世博会克罗地亚馆（爱知）⑬爱知世博会北入口（爱知）⑭⑮京都府立陶板名画之庭（京都市）

技巧，有用点表现曲面的(⑩)，有基于格栅方法创造曲面的(⑪)，还有用带状曲面拼成一个大曲面的(⑫⑬)。另外，由锐角组合成的平面能够给人动感(⑭⑮)，将复数的曲面组合起来能给人爆发的感觉(⑨)。当然，建筑实际上是不会自己动的。只是当建筑呈这种波浪形的造型时，会形成一种从周围静止的建筑中脱离出来的错觉，也就是给予建筑一种动力，这是对建筑师的一项挑战。

①迷宫（东京）②～④柏林州立图书馆的大厅，剧场似的内部空间极为宽阔 ⑤萨伏伊别墅（法国）⑥⑦联邦政府区新总理府内部（柏林）⑧由不同色面构成的梅斯特公寓内部（德国）⑨圣吉米亚诺历史城区（意大利）⑩巴塞罗那博览会德国馆的平面图 ⑪⑫奎德林堡（德国）⑬拉维列特公园（巴黎），存在着视觉焦点，唤起人们的移动 ⑭大众银行总部（柏林），空间很有深度

◉——“转换景观”这个思考方法，常常与我们身体的移动有着许多关系。建筑本身是并不能动的，但随着人在建筑内部或周围移动，对建筑的印象就会变成移动的东西，因此，这样的建筑体验，实际上变成了一种类似鉴赏电影的行为，于是，建筑家就像变成了电影监督一样，一边想象一个一个的镜头般的画面，一边试着在图面上表现出来。比如使空间的幅度变化，使用列柱回廊、楼梯、高差和斜坡等，加之光线和通透感，创作出伴随着水平、垂直的移动的多彩画面(①～⑤)。特别是通过将空间分节的墙壁和柱子的位置关系，以及忽隐忽现的素材的质感、颜色等的巧妙

⑥

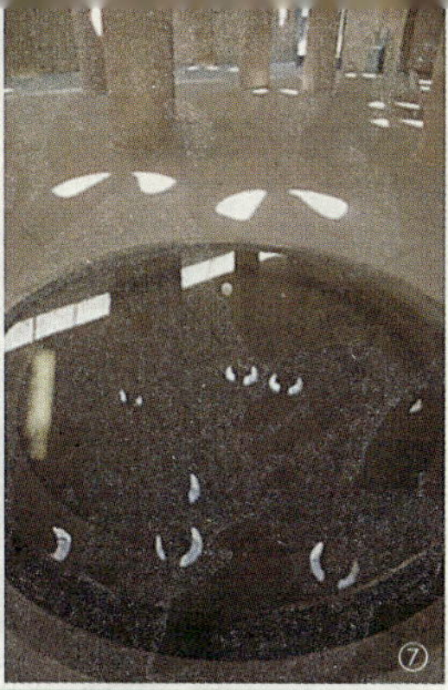
⑦

⑧

⑨

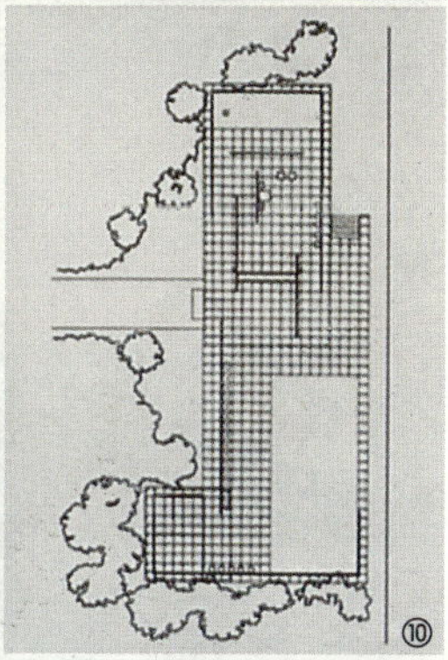
⑩

⑪

⑫

⑬

⑭

变化，可以使这种画面的内容变得极为丰富(⑥～⑧⑩)。我们所尝试的这种手法，有时会自然地出现在古老街道上，特别是小胡同中所见到的那种情景的重叠与隐藏(⑨⑪⑫)。另外，“转换景观”使空间和景观在行进的途中不断变化，让人体验到漫步于庭院中的回游性和日本传统建筑中的“深”的思想(⑬⑭)。

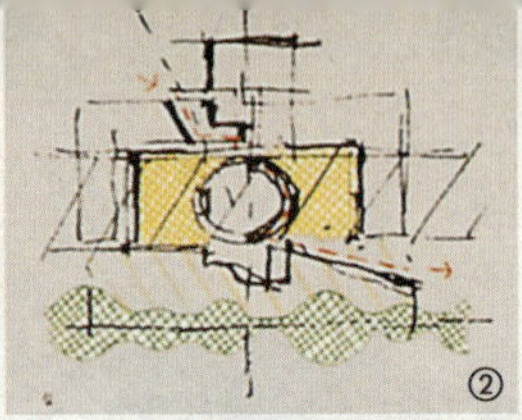

①③斯图加特州立美术馆（德国），布置在中央的圆形广场 ②同上：概念设计图 ④市民中心（柏林），促使人们移动的蜿蜒墙面 ⑤柏林博物馆旧馆 ⑥国立绘画馆（柏林），外周的列柱廊 ⑦包豪斯校舍（德国）⑧螺旋楼梯剖面 ⑨尚博尔城堡的双螺旋楼梯（法国）⑩新德国议会大厦，延伸向上方的双重螺旋楼梯 ⑪德国历史博物馆 ⑫同上：内部，由玻璃包围的移动空间 ⑬蓬皮杜艺术中心（巴黎）⑭⑮伦敦市政厅（英国）

◉——在设计建筑的时候，我们必须注意到建筑内部和周边的人流布置，但是要设计的应该不仅仅是功能效率方面的人流布置，如果能把人的移动等作为一种空间设计要素来考虑的话，就能够给予建筑很活泼的跳跃感。因此，我们必须对此下很大力气，比如从狭窄的地方向宽阔的空间移动，或是从黑暗的地方移向明亮的地方，从平凡的空间移向有象征性的空间，从周边移向中心等。这些都是人们普遍认为的“极端”，能将它们适当切换的空间，可以很自然地促使人流的形成(① ~ ⑥)。

尤其是螺旋状上升的楼梯和坡道，在缓和垂直方向上移动的负荷的同时，

⑦

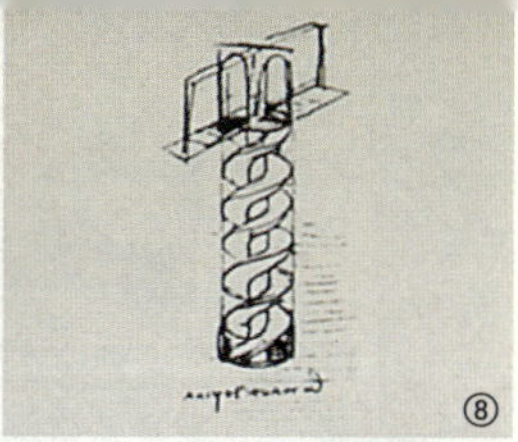
⑧

⑨

⑩

⑪

⑫

⑬

⑭

⑮

也给予了空间稳定的回游性和开放性，这种手法从古代开始就经常被使用(⑦ ~ ⑩)。

近年来关于这样的移动空间，经常用玻璃来表现，因此人流的样子从室外也能看到，给空间带来了很多活跃感(⑪ ~ ⑮)。

①

②

③

④

⑤

◉——近代建筑中，由密斯·凡·德·罗提出了“少即是多”的理论，也就是说排除一切的装饰而追求纯粹的功能和形态，追求功能美，而把装饰视为一种多余的、不必要的东西而抛弃。

但是，在人类漫长的历史中，出于宗教的理由和作为权力与财富的象征物，“装饰”在古典世界中被视为文明的象征物而广泛使用，就好像在仪式或祭奠时会给人或物化妆、用服装服饰装饰起来一样，建筑空间也需要用装饰带来象征性和宗教的权威感、庄严感，以及权力和财富的象征性，以增加建筑的中心性(⑥～⑨)。另外，就像罗马式、哥特式、文艺复兴

①分离派展览馆（奥地利），“像黄色玉石一样”的屋顶象征着从历史绘画中的分离 ②③沙特尔大教堂（法国）④兰斯大教堂（法国）⑤神圣家族教堂（西班牙），用许多有关耶稣诞生的故事的雕刻装饰门框 ⑥基日岛木结构建筑（俄罗斯）⑦吴哥窟（柬埔寨）⑧⑨撒旦 · 托拉雅族的村落（印度尼西亚）⑩朝日啤酒总部大楼 · 朝日超级会堂（东京），黑色花岗石上面搭载一个黄色的巨型物体，成为了城市焦点

式等那些样式所代表的一样，“装饰”可以代表那个时代的技术和构造方法等，成为了各个时代建筑的代表性样式(③ ~ ④)，更甚者，通过具有故事性的装饰，可以传达宗教的信息(⑤)，本来作为附加的装饰，变成了带有象征意义的元素，表达着自己所代表的各种不同的理念(①⑩)。

①利拉修道院（保加利亚）②耆那教寺庙（印度）③Stepwells（印度）④科尔多瓦清真寺（西班牙）⑤沙特尔大教堂（法国）⑥科洛尼亚小教堂（巴塞罗那）⑦奥斯陆市政厅（挪威）⑧⑨阿姆斯特丹皇宫 ⑩西斯廷教堂的壁画（梵蒂冈）⑪圣彼得大教堂（梵蒂冈）⑫～⑭巴黎歌剧院，正面的大阶梯和大堂采用豪华、绚丽的装饰，作为社交场所而使用

◉——将装饰用于建筑外部可以获得统一的象征性，同样的，将装饰用于内部空间的地板、墙壁、顶棚、柱子和梁等的时候，也可以创造出一个统一的“场”。

比如说在教堂的内部，将白色大理石按格子状铺成地板，用壮丽的宗教画装饰墙壁，用描绘天上世界的画装饰顶棚，使用能让人感觉光线是从天界射来的彩格窗等，这些加在一起让人眼前出现了一个小宇宙，创造了一种很崇高的氛围(①～⑥)。

对内部空间的装饰，给予了场所很明确的性格和统一性(⑦～⑨)。对于

⑩

⑪

⑫

⑬

⑭

教堂、王宫、剧场等能够代表各个时代的建筑，这种集聚了时代最先进的技术、大费周折装饰而来的豪华空间，能产生一种使建筑与时代共存的效果(⑩ ~ ⑭)。

◉——装饰中包含着修饰和装潢还有图案等众多方式，其中也包含“样式”这个从各个时代和地域的背景中诞生出来的方式。

根据风土和习惯等，经过长年累月酝酿出的传统的“样式”，各自拥有时代和地域的明显特征。比如说罗马时代经常使用由尺子和圆规得来的几何图形作为装饰图案，来表现“自然界知识的基本原理”，而重复这其中的某些部分就创造出了它们的样式。与自然界的秩序一样，将自己的“样式”有秩序地重复可以使空间变成一种很奇特的空间。不仅仅是样式，哪怕只是单纯的一种图案，如果将它无限地重复而覆盖全体的话，也能产生

⑨

⑩

⑪

⑫

⑬

⑭

①②哈韦里县（印度）③④科尔多瓦清真寺（西班牙）⑤～⑧阿尔罕布拉宫，用几何学图案、植物的图形，还有阿拉伯文字等来装饰内部墙壁 ⑨⑩马略尔卡住宅（维也纳），在墙面上运用马略卡陶瓷中常用的图案 ⑪奥尔塔之家（布鲁塞尔）⑫西西里的陶器小镇中见到的楼梯（意大利）⑬⑭奥拉迪亚的会堂（罗马尼亚）⑮奥斯蒂亚考古区（罗马），罗马遗迹的地板

⑮

一种很独特的世界(⑨⑩⑫～⑭)。

在各地都可以见到很多本土样式，比如说阿拉伯风格的阿拉伯式花饰和伊斯兰式，另外还有新艺术派等，这些都能够给建筑酝酿出独特的气氛(①～⑧⑪⑮)。

①②米纳克希神庙（印度）③④克久拉霍神庙（印度）⑤邮差薛瓦勒之理想宫（法国）⑥高台教寺院（越南）⑦⑧哲蚌寺（中国西藏）⑨日光东照宫阳明门⑩～⑫大阪市环境事业局舞洲工厂，虽然只是一个垃圾处理厂，却把外观设计得像是一个童话王国一样⑬维也纳垃圾焚化厂（维也纳）⑭⑮百水屋（维也纳），墙面上能看到的色彩、曲线，都是经过精心调和才如此贴近自然的

◉——当装饰超出“作为带来象征性的东西”的范畴时，使用几乎过盛的装饰来更夸张地表现自己的主张，可以产生一种很特殊的空间。利用几乎可以说是浓重的艳丽的装饰手法，可以使人们对空间的思考越来越强，作为感情的展露表现出一种很强烈的空间。

利用由非常精巧的手法雕刻而来的雕刻群，以及色彩极其艳丽的雕像等，可以创造出一种宛如真实存在于现实世界的极乐净土、天上世界和世外桃源一样有冲击力的世界(①～⑨)，这可以说是由于人的某种迷恋而衍生出来的产物。

⑩

⑪

⑫

⑭

⑬

⑮

另外，出于“神作为万物的创造者给予了鸟兽鱼虫等自然界的事物艳丽的色彩，人类的建筑也应遵循自然而采用这些颜色”的思想会创造出很奇特的建筑，这超越了一般的常识和理解，带来了强烈的冲击力(⑩ ~ ⑮)。利用奇异的造型和极端丰富的色彩所创造出的空间，给我们带来了非常强烈的情感体验。

①②风之宫殿（印度）③苏恰瓦修道院（罗马尼亚）④切斯特的罗威（英国）⑤⑥阿拉伯世界研究所，窗户开的大小、时间等都可以自动的根据天气情况决定。而窗户的外观长得像是照相机的镜头 ⑦路易·威登表参道店（东京）⑧DIOR表参道店（东京）⑨青山普拉达精品店（东京），菱形玻璃砌块的外表皮，能够透出室内的照明效果，成为城市新的景观 ⑩路易·威登六本木Hills店（东京），用大约3万个直径10厘米的玻璃管组成一个外立面。

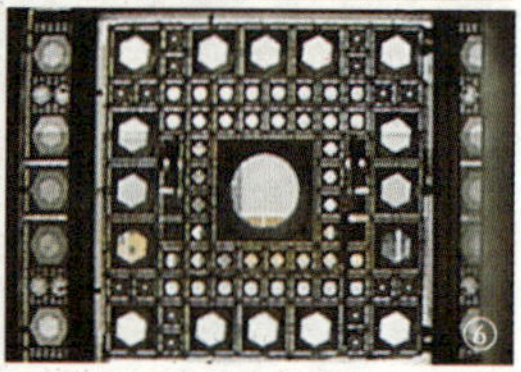

◉——在构成建筑的要素中，立面是最直接的视觉要素之一。对墙面实施“装饰”可以令立面拥有很多表情(① ~ ④)，以往的装饰都是非常厚重的，但现代建筑中的墙壁已经从柱、梁、承重墙等约束中解放出来，由于技术的革新可以使用钢铁、玻璃等新型材料，从而产生了近代的幕墙。使用玻璃、塑料、膜等新材料，构成了非常轻盈的屏风状表皮，把它们重叠多层创造出的表皮，酝酿出了丰富的视觉感受(⑤ ~ ⑧)。更进一步地，使用以前从未使用过的“人工灯光效果”的要素，使建筑拥有了前所未有的表情，以现代技术革新为背景的这个手法，往往是用于街边的展示窗等，在

⑦

⑧

⑨

⑩

改变了品牌印象的同时，也为城市带来了新的地标(⑨⑩)。现在的装饰和以前的装饰已经有了很大的不同。

◉——建筑可以反映出地形的特点，也可以给地段带来新的意义，建筑与地段的关系是相互交融的，因此，建筑应该将地段的地形、历史等明确地象征出来。

作为象征地段的众多手法之一，有一种使用纯粹的几何形体或对称形体的手法。具有反复性和水平性的建筑可以象征出宗教和历史的神圣性等(① ~ ⑤)。围合图底关系中作为图的空间或是沿轴线而建的建筑，可以使人感受到公共性和历史性等的概念(⑥ ~ ⑨)。打破方向性上的平衡的建筑、场所象征了诱发远眺行为的视线，反之更加诱发了这种行为的发生

⑩

⑪

①宋庙（首尔），强调水平性 ②万神庙（罗马）③东京工业大学百年纪念馆，由单纯的几何形体构成 ④警视厅涉谷警察宇田川派出所（东京），对称的形态构成 ⑤圣彼得小教堂（罗马）⑥伏见稻荷大社的连续鸟居（京都市）⑦钏路市立东中学校，用重复的形态构成 ⑧法国国家图书馆（巴黎），用四个角围合空间 ⑨拉德芳斯新世纪大拱门（巴黎）⑩Villa Malaparte（意大利），强调向海的方向 ⑪TOD'S表参道大厦（东京）⑫⑬熊本县立天草工业高等学校

⑫

⑬

(⑩)。使本来平庸、水平、垂直的建筑拥有复杂的树影般形态，就不光是建筑形态的操作了，而是返回到建筑的基本存在方式——构造上创造出来的了，这使建筑与外部的树木产生了新的关系(⑪)。不光是可以利用形态和构造来表现，也可以利用比如玻璃的透过性来象征场所的光线，使我们能够有意识地感觉到它的存在(⑫⑬)。

①伊玛目清真寺（伊朗），正面的装饰表现出面向圣地麦加的形态 ②曼谷皇宫（曼谷）③佛罗伦萨圣母百花大教堂（意大利）④圣彼得广场（梵蒂冈）⑤里特维德-施罗德之家（荷兰），水平、垂直线上的原色构成 ⑥吉马尔德街14号卡斯特尔建筑（巴黎）⑦吉马尔德住宅（巴黎），运用植物的自由曲线 ⑧Weissenhof住宅的Mart Stam栋（德国）⑨Weissenhof住宅（德国）⑩远友学舍（札幌市），有效降低了供暖负荷

◉——建筑的形态，在满足地理和气候等条件的情况下，可以根据设计者的思想和理念等来决定，这就是一种象征行为。

20世纪以前的建筑，可以通过建筑样式的变更，来解析那个时代的宗教和国家(① ~ ④)。正面面向圣地的方向，运用了阿拉伯样式装饰的伊玛目清真寺，象征了禁止偶像崇拜的伊斯兰教思想(①)。

到了19世纪，人们开始摸索不依存于国家和宗教的建筑，由简单的几何形体和色彩构成的现代主义、受日本的版画以及自然形态影响的新艺术派，在这之中都占有一席之地(⑤ ~ ⑦)。

⑤

⑥

⑦

⑧

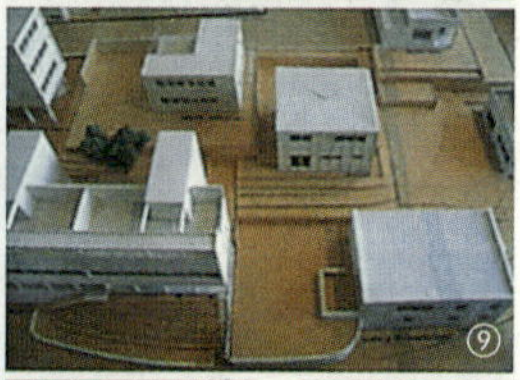
⑨

⑩

之后的近代建筑，与以前的形态特点完全不同，而是把材质的选择、功能与空间的构成都视为表现的对象，寻求能够代表工业化社会的建筑(⑧⑨)。

之后又出现了许多的思想和主张，这些大多数都是出于个人对时代和社会的理解，在那之中也有诸如对环境的表现等比较共同的特性，而且大多数人都认为建筑应该为地球的环境作一份贡献(⑩)。

①～③湘南台文化中心（神奈川），在一个球体中容纳一个剧场，并将外表面做成地球的样子 ④科尔多瓦清真寺（西班牙），柱子中集中着多种花样 ⑤龙安寺石庭（京都市），石头的分组布置为7、5、3的绝妙布置 ⑥基日岛木结构建筑（俄罗斯），约有20座木制教堂 ⑦奈义町现代美术馆（冈山），分别为三位艺术家的护殿 ⑧阿拉伯世界研究所（巴黎），窗户可根据阳光的强弱调节 ⑨⑩筑波中心，里面有很多讽刺的暗喻 ⑪冈山西警察局，背后黑色的箱子暗示着警察的职能

◉——隐喻(metaphor)这个词的词源出自希腊语的meta(超越)和pherein(运输)，在建筑中，作为表示将某种意义转换成其他意义的手法而经常被使用。

干燥地带的礼拜堂，用许多密密麻麻的柱子来隐喻绿洲中的森林(④)，日本独特的庭院布置方法中也有用干燥的白沙隐喻水，用小石头隐喻小岛的做法(⑤)。现代建筑中也有使用隐喻的例子，比如在屋顶上用金属来模仿庭院盆景，用来隐喻森林、绿地、地球等的自然环境等(①～③)。另外在宗教建筑中，基日岛木结构建筑就代表着神圣的火、魂和生命(⑥)。

⑤

⑥

⑧

⑦

⑨

⑩

⑪

近年来的后现代主义也喜欢使用隐喻。利用这种手法的例子有用透明的石块和黑色的石块来将警察的职能形象化的冈山西警察局(⑪)；在规划领域，奈义町现代美术馆利用南北的轴线和中秋明月的方向以及山体的走向来隐喻太阳、月亮、大地(⑦)；用历史广场的反转和建筑样式的拼贴来讽刺国家的筑波中心(⑨⑩)；还有将照相机快门的结构和伊斯兰教样式结合起来，隐喻伊斯兰教放眼看世界的立面设计(⑧)。

◉——建筑在象征某个事物的时候，经常会成为那个时代最尖端的表现。在险要岩石上的石砌居住区，用钢铁和玻璃建造的摩天大楼，这两者都可以说是非常美丽的建筑，它们分别象征了防御和经济利益(①②)。利用当时最尖端的技术建成的宗教建筑，象征着神、权力、信仰、崇拜、与神交流、敬畏、威严，它们所拥有的尺度、高度以及无与伦比的精细程度，即便在现在也会令我们惊叹不已(④⑥ ~ ⑨⑪⑫)。

另外，有时建筑会象征一些没有具体形状的事物，比如伊斯法罕王宫的音乐室的拱形门上装饰的漂亮图案象征着看不见的音乐(③)。在深山中最为

①也门的高层住宅小区（伊朗）②纽约的摩天楼（美国）③伊斯法罕王宫的音乐室（伊朗）④出云大社的复原模型（岛根）⑤答枚克佛塔（印度）⑥东大寺大佛殿（奈良）⑦吉萨金字塔（埃及），高和边为黄金比率 ⑧乌斯马尔金字塔遗址 ⑨威斯敏斯特教堂（英国）⑩超级神冈探测器（岐阜），位于地下1公里深度的粒子捕获装置 ⑪未完成的塔（乌兹别克斯坦），建设到了30米的未建完的灯塔 ⑫鹿野苑（印度），“初转法轮”的地方 ⑬侗族的风月桥（中国）⑭镇远（中国）

重要的是交通，而桥就成了重中之重，用当地最好的技术建造的桥则成为了地区的中心，象征了当地的社区(⑬⑭)。另一方面，有时候纯粹追求功能的单一目的建筑，能让我们感到很新鲜的象征性，比如看起来像现代抽象雕刻的，或是像华丽的舞台的(⑤⑩)。随着电脑技术的发展，利用非常复杂的曲面来象征环境的建筑也越来越多了。

①

②

⑤

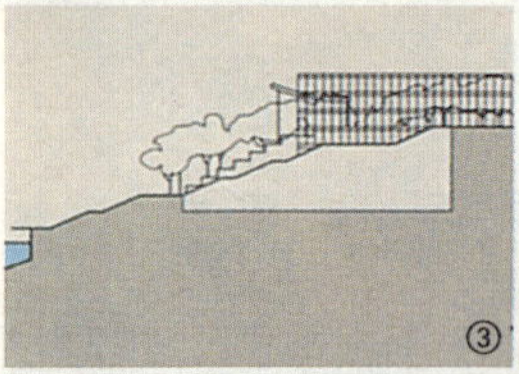
③

④

⑥

⑦

⑧

◉——利用地形，能够将建筑空间与变化丰富的自然环境融为一体。在有起伏的土地上，人们建造了观景台来欣赏雄伟的景色，建造神殿、寺院、别墅等来象征权力和财富，这种特殊的地点可以尽收眼下的街道风景(⑥～⑩)。另一方面，在渔村和港口等接近山和海的地方，平民生活的城市在起伏的地形上发展起来，居住在狭小而拥挤的土地上，小路将住户有机地联系了起来，利用了地形的小路成为光和风的通道，并构建出了居住的社区(⑪⑫⑭～⑯)。近年来人们对环境的关心越来越多，这样利用地形，将建筑与环境融为一体的事例也越来越多了(①～⑤⑬⑰)。纵

①～③冈崎市美术博物馆，与有高差的地形融为一体的美术馆。利用自然坡地做无障碍设施 ④⑤伊瓜拉达墓园（西班牙）⑥雅典卫城（雅典）⑦流水别墅（美国）⑧布达拉宫（中国西藏），达赖五世以来举行重要的政治、宗教仪式的地方 ⑨Villa Malaparte（意大利），由碧姬·芭铎出演的电影《轻蔑》是在这里拍摄的 ⑩埃斯特别墅（罗马）⑪⑫阿马尔菲（意大利）⑬宫城县立图书馆 ⑭～⑯圣托里尼岛（希腊）⑰淡路梦舞台百段苑（兵库）

观历史，在世界各种各样的地域中，人们适应自然环境建造了建筑和城市。人类活用周边的地形和环境，为了更方便地生活，对建筑下了不少工夫，产生了构造很独特的道路和屋顶。能够有机地利用复杂地形的建筑，能面向自然并且与自然相融合，是人类通过技巧来获得舒适的生活空间所付出的努力和智慧的结晶，在悬崖、海岸、沙漠等特殊地形中，按空间特征活用地形环境，能够创造出有魅力的活跃的空间。

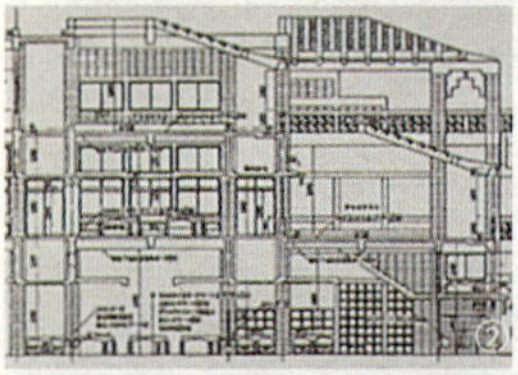

◉——扎根于地域的村落，自古就是“地产地销”。当地土地特产的材料，一定是经历过长年累月考验的材料，所以才能够创造出融合于当地的自然环境和风土中的纯朴的村落。先人们用自己的智慧和努力总结出了能够适应当地气候、地形、地势等的村落布置、形态、材料等，其中大多数是和周围的地形岩石等构成环境的要素统一化，力争成为环境的一部分的。

在干燥的地域，人们通常会利用身边的土来建造墙壁，通过布置风道来建造凉爽避暑的住房(③ ~ ⑧)；而像日本这样多雨潮湿的地域，则利用木材来建造进深大、离开地面、由柱和梁构成的空间。将渔村的生活融入建

①②名护办公楼（冲绳），从308个方案中入选的Team Zoo的设计方案。该方案不依赖于空调等，而是利用本土材料，并通过技术来引入自然风降温的绿色建筑 ③汤加（加纳）④沙漠房屋（叙利亚）⑤⑥阿尔贝罗贝洛（意大利），turri是一种把当地开采的石材整平，堆积成圆柱形的一种住房 ⑦⑧多贡族村落（马里），由于当地的地形和人们的团结，文化受外界影响比较小，是一个拥有自己独特的西非文化世界观的村落 ⑨⑩伊根的船屋村落（京都）⑪天龙市立秋野不矩美术馆（静冈）

筑中，与大海成为一体的船屋，成为了日本海边的一道风景(⑨⑩)。这些例子都是利用当地各自的材料来体现当地的风土特色的，但随着材料的丰富和设备功能的全面化，人们建造出了并不扎根于风土的建筑，致使风土建筑和村落现在处于很危急的状态。另一方面，人们现在正在摸索将考虑了景观的传统建筑设计手法运用于现代建筑中，并考虑通风和日照等来建造有风土性的现代建筑(①②⑪)。

①

②

③

④

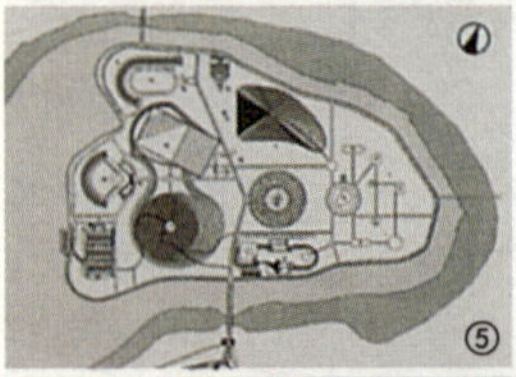
⑤

⑥

⑦

⑧

◉——建筑以及景观等人造物对周边环境的影响很大，可以利用形态的设计、布置与周边的环境结合起来，创造出一个宛如一张画一样的风景。将建筑等作为中心的风景，会因为人们围绕四周的移动而使其与周边环境的关系产生变化，从而展现出各种各样的表情。对于景观等人工创造的风景，把握周边环境的文脉等至为重要，作为一种手法，可以在水平性很强的海岸和平地等运用有机的曲线(⑥⑦⑨⑭)。在垂直性很强，有很多有机形状的山区，可以利用直线来产生与周围环境很和谐的对比，将人工和自然同时引入设计中(⑧)。考虑周边环境的连续性，使用与周边环境相同的

⑨

⑩

⑪

⑫

⑬

⑭

⑮

①～⑤MOERE沼公园（札幌市），原本是掩埋垃圾的填埋场，后来经过雕刻家野口勇的努力，变成了一座美丽的公园，里面海拔62米的MOERE山是用工程废料堆成的 ⑥⑦新潟市民艺术文化会馆 ⑧植村直巳冒险馆（兵库），在地面以上玻璃的部分，刻着植村直巳的生涯 ⑨悉尼歌剧院，从233个方案中脱颖而出的，建设花费了14年时间 ⑩东京迪士尼海洋（浦安市）⑪东山慈照寺（京都）⑫⑬兵库县立先端科学技术中心 ⑭葛西临海水族园（东京）⑮风之丘祭祀场（大分）

要素等能够使景观和建筑融入环境中去，这可以作为对环境的雕刻手法用于公园等(①～⑤⑮)。另一方面，也有些手法利用中庭、屏风、植被等与周围的环境分离，构筑出拥有独立氛围的空间(⑩～⑬)。随着材料科学的进步，景观的构成变得多种多样，产生了许多崭新的景观。

◉——当建筑置于一定的环境中时，我们就要根据内部空间和外部空间的关系来确定窗户等开口的方向和位置以及大小和比率等。从窗口摄取到的景色，是决定空间的性格和氛围的重要因素，根据取景的方法不同，景色的表情也会一起变化，而将常常被我们忽略的周围风景变成一种很有魅力的东西。可以通过将不想让人看到的景色进行遮挡来引导人们欣赏景色。窗户和开口等的设计是一种有意识的、有操作性的手法，在这个手法中，有将大部分景色都遮挡起来，而使人们的视线集中于那些想要突出的景色的，还有希望建筑能与周边的风景融为一体，在与外部空间紧密联系在一

⑨

⑩

⑪

①②印度经济大学（印度）③④比昂·维加（意大利），比昂一家的墓地，两个圆形的窗户是中世纪基督教的代表性集合符号。象征着太阳和月亮、天与地、男人和女人等。是卡洛斯卡帕的最后的作品 ⑤大德寺孤蓬庵·忘筌（京都市）⑥～⑧萨伏伊别墅（法国）⑨慈光院（奈良）⑩平等院宝物馆（宇治市），和凤凰堂一样有着东西向的很大的走廊。顶棚高度仅为1850毫米，屋顶为金属制的 ⑪东福寺·雪舟庭院（京都），为了可以让人在坐下以后欣赏景色而设置的很低的窗户 ⑫冈山后乐园（冈山）

⑫

起的同时取景的。

作为前者的例子，有将圆形等象征着几何形状的开口用于密闭的空间，使风景变成戏剧化事物的(① ～ ④⑪)，还有在道路的尽头或者转角处将景色作为一种诱惑来布置开口，因而能够诱导行为的(⑥⑦)。作为后者的例子，有将庭院的风景通过平台和走廊等过渡性空间全景式地引入室内空间的(⑤⑫)，还有使用借景的手法，将作为风景的山水等远景取入庭院的近景中，并通过将远景和近景组合在一起来创造深度的(⑨⑩)。

①

②

③

④

⑤

⑥

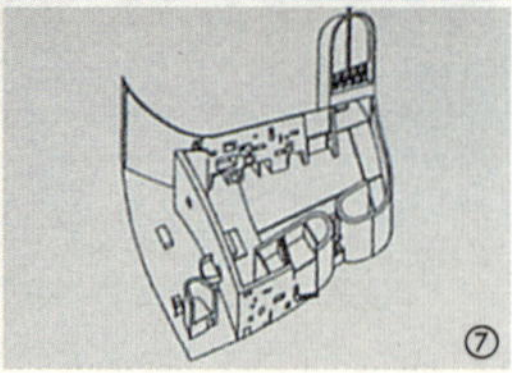
⑦

◉——光是表现建筑空间最根源的要素之一，光是使物体从黑暗的空间中浮现出来，并被人认知的最有效的要素。根据光线的射入会使空间变得多样化，有从天窗采光的，有从高侧窗采光的(②⑧ ~ ⑪)，或是从低窗采光，根据位置和大小的不同，内部空间的采光方式是多种多样的，可以通过光线的效果来表现空间的活跃性。西欧的古代建筑中，想在厚重的石头墙壁上开窗是一种与结构的抗争，因此在房间中设计很大的窗户在技术上是很困难的。但是，穿过厚重的墙壁射入房间的光线中凝聚着人类各种各样的奇思妙想，用光和暗编织出了美妙的空间。随着技术的发达，开口可

⑧

⑨

⑫

⑩

⑪
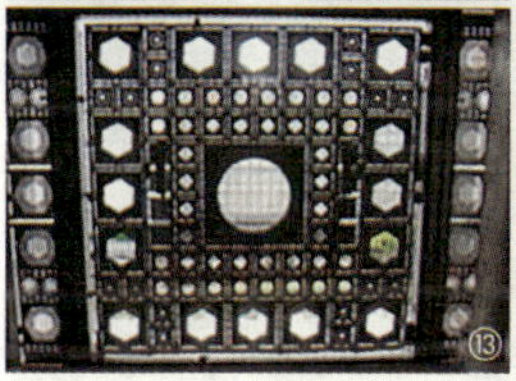
⑬

⑭

①⑦朗香教堂（法国）②万神庙（罗马）③巴黎圣母院（巴黎）④奥尔塔之家（布鲁塞尔）⑤淀看席（京都市）⑥科洛尼亚小教堂（巴塞罗那）⑧圣彼得大教堂（梵蒂冈）⑨拉图雷特圣玛丽修道院（法国）⑩光之教堂（春日丘教堂）（大阪）⑪东京天主教圣玛丽大教堂，墙体为抛物面形状的壳体，并在顶部结合处留出了一个十字形的天窗，可以向内部空间中投出一个十字形图案 ⑫卢浮宫（巴黎），玻璃金字塔 ⑬阿拉伯世界研究所（巴黎）⑭维也纳邮政储蓄银行

以越来越大了，于是人们创造了蔷薇窗等很虚幻的空间(①③④⑥)。在日本，经常通过柱、梁等结构来取开口，在茶室中用地窗来采入隐隐约约的光线，可以渲染出很独特的气氛(⑤)。近年来，因为墙壁经常使用玻璃来建造，空间中总是充满了光(⑫⑭)，于是在开口处的遮光装置，已经不单是有限制视线和取光的功能，而且通过进化而拥有了其他的功能(⑬)。路易斯·康说过“光能够给予其他一切事物存在感”，由此可见建筑和光是紧密联系的。

◉——水能够刺激人类的感觉，在建筑中引入水的话，可以使建筑空间变成有滋润感和能让人放松的空间。将海和河等自然的水引入建筑空间是比较困难的，比较常见的是人工制成的水流、池塘、瀑布、喷泉等。在古代，将水引入庭院等就象征着财富和权力，另一方面，在城市中，常常用水路编织出一个生活网络，即便到了今天，这水路也承担着很重要的作用(⑬)。

因为在建筑中引入了水，使建筑位于了天与水之间，于是视线变得开阔了，光和水相互映照的光芒也给予了建筑丰富的表情(① ~ ④)。将光和风可视化，水的波纹通过反光映照在顶棚上，就会使建筑空间自然而然地

①～④土门拳纪念馆（山形），以池水为中心的回游式庭院，并在其中布置了建筑物和展示空间等 ⑤⑥圣安东尼奥（得克萨斯州），以河为中心的古街。对街道进行了概念性开发，由于举办万博会、建筑酒店、综合设施等而成为美国很受欢迎的观光城市 ⑦⑧TIME'S（京都市）⑨～⑪京都的川床*，起源于大正时代，最初是用于招待前来参拜的人的 ⑫水之教堂（北海道）⑬苏州（中国）⑭拙政园（中国）⑮⑯后乐园（冈山）

动了起来(⑦⑧)。除此之外，静止的水会使空间变得更加安逸，而流动的水则使空间有了动感。作为一种日本传统的做法，经常将地板挑出到河面上，这样做既能防暑降温又能创造与水声相伴的舒适空间(⑨～⑪)。引入水可以得到多种多样的效果，表现出多样的空间，比如可以诱导走廊和中庭等的视线或移动流线(⑭～⑯)，可以利用倒影创造梦幻般的风景(⑫)，可以创造休憩场所和戏水场所(⑤⑥)，可以将杂音用水声掩盖等。

*川床：指突出在河上的观景餐厅。——译者注

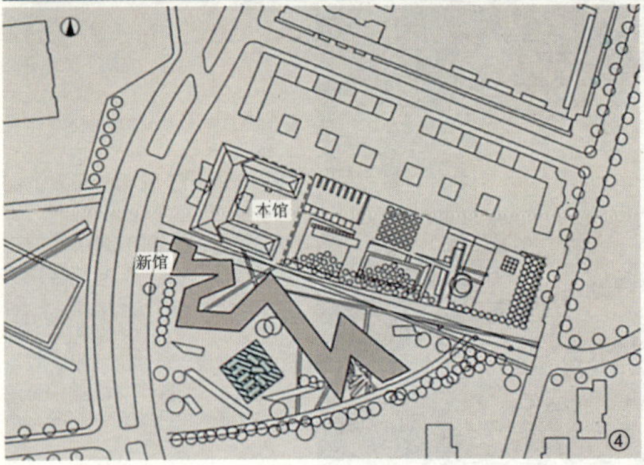

①②柏林犹太博物馆，表现了犹太人在第二次世界大战时所受到的遭遇 ③同上：内部空间 ④同上：布置图 ⑤～⑦水木茂路（境港市）。在建筑内侧的“妖怪群”和在街角站立的“鬼太郎”等，有很多描绘他漫画的雕像等 ⑧东京迪士尼公园（浦安市），位于中心的主建筑灰姑娘城 ⑨达利剧院博物馆（西班牙），拥有独特的外观 ⑩同上：内部空间的壁画 ⑪绿色小屋（加拿大），忠实再现小说《红色毛的昂》中的家

◉——在各种各样的建筑和环境的创造中，有时候会把像小说、传说、史实、幻想的故事等作为设计的主题，即使是对于有自己独自功能的集合住宅和美术馆等，有时也会将表现背后隐藏的故事性作为设计重点。

用不规则的平面和像伤痕一样的窗户与细缝来讲述第二次世界大战中犹太民族所遭受的悲剧的犹太博物馆(①～④)，用独特的环境和布置来表现电影的人物和情节的主题公园(⑧)，表现了自己妻子一生的经历的美术馆(⑨⑩)等都是很好的例子。更甚者，还有将小说中登场的住宅完全忠实地再现出来的事例(⑪)，或是将漫画主人公的雕像排列于街道边(⑤～⑦)

⑤

⑥

⑦

⑧

⑨

⑩

⑪

等，都可以说是在使用这个手法。

①② WATTO · PURA · KEO(曼谷)，用丰富的色彩和数不胜数的陶器装饰 ③同上：支配建筑的佛像 ④高台教寺院（越南），室内铺满了装饰物 ⑤⑥克久拉霍神庙（印度），外壁雕满了描写性生活的雕像 ⑦⑧旧正宗寺三匝堂（会津若松市），拥有独特的外观和沿着佛像的双重楼梯 ⑨神圣家族教堂（巴塞罗那），从1882年开始建造，现在也还没有完工 ⑩马拉穆列什木制教堂（罗马尼亚），完全覆盖外墙的壁画 ⑪利拉修道院（保加利亚），回廊中描绘的圣像

◉——宗教基于人们内心存在的憧憬、恐怖而统治着人的内心世界。以神、佛等为对象而产生的许多种宗教和教派，都希望向人们叙说自己宗教的意义，为了将这些表现于建筑就出现了宗教建筑。人类除非在极个别的情况下，无论在哪个时代哪种文化中都是与宗教共同生存的，这是宗教建筑发展最大的原动力。无论哪个宗教都有许多有魅力的建筑，以至于选择例子时有些难以取舍，而且，其中的大多数就算离开信仰的笼罩，也能向我们讲述各种各样的事情。比如像东大寺、圣彼得教堂那样拥有压倒性大小尺度的，或者像哥特式教堂和五重塔等拥有天空般高度的等，这些都表

⑦

⑧

⑨

⑩

⑪

现了宗教所拥有的伟大力量。另外，在外部和内部都几乎过剩地用尽了各种装饰的(① ~ ④)，布置了各种各样的雕像的(⑤⑥)，还有布满圣人像壁画的东方基督教堂(⑩⑪)，无论哪一个都能使观看者感受到极强的冲击力。为了照顾无法亲自去圣地朝拜的信徒，创造了一种将巡礼之路表现于建筑的特殊建筑(⑦⑧)，还有能够被其他宗教所使用的很有包容性的独特教堂，还有用建筑的继续建造来表达信仰的(⑨)等，总之，宗教建筑的表现形式是多种多样的。

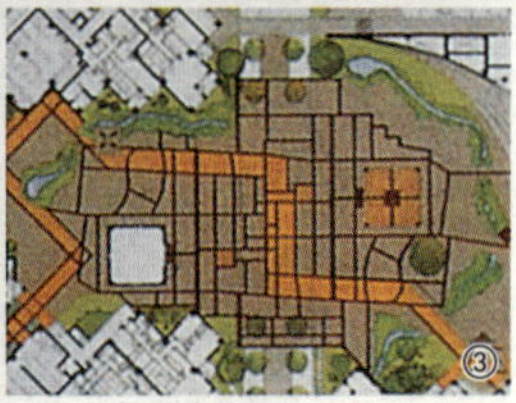

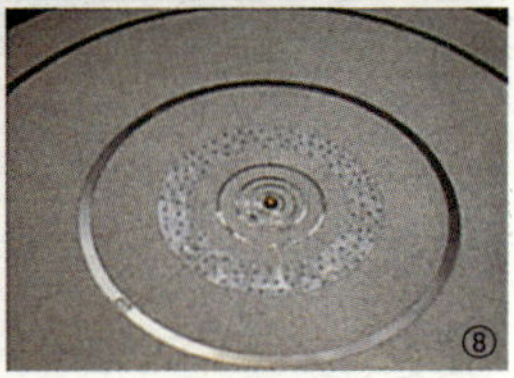

◉——在设计建筑和环境时，经常会引用以前的设计中的思想和要素等，特别是在80年代盛行的后现代主义的建筑中，是一种非常常见的做法。不仅是过去的建筑，地球上的某种形态，甚至是宇宙中的某种秩序，都是可以引用的。

这种手法的事例也有很多，将寺院中道路的铺地形式用于广场中的事例(① ~ ③)，还有些引用环壕(④)，引用过去的建筑或神话(⑤⑥)，引用星球的轨道和几何学图形组合(⑦⑧)，引用文艺复兴时期的广场(⑨⑫)，模仿湖的形状的瀑布(⑩)，轴线和象征树(⑪)，还有强调古代气息的建筑

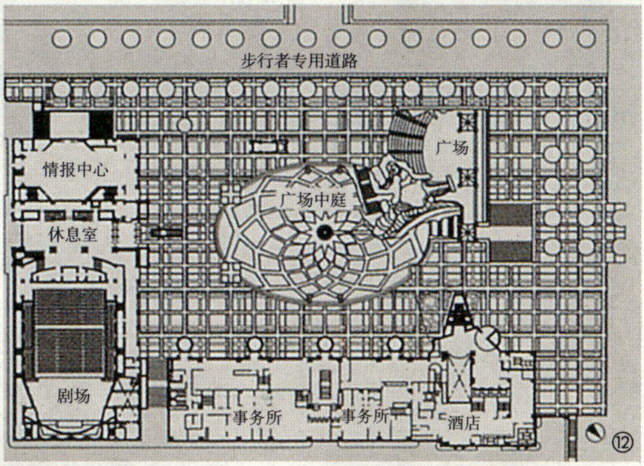

①～④KOSUTAMIRA双色建筑（贝塚市），中央广场的铺地采用愿泉寺寺内地面的铺地方式，并引用环壕的模式在周边布置一圈水池 ⑤⑥Les Arenes de Picasso Manolo Nunez Yanowsky(法国)，圆筒形的集合住宅，引用神话中的回廊 ⑦⑧爱媛县综合科学博物馆（新居滨市），在地板上描绘太阳系行星的轨迹图和几何形态的建筑 ⑨～⑫筑波中心，地面引用了罗马的卡比多利欧广场的地面图案；引霞浦湖的湖水建成了一个人工瀑布（⑩）；引用了奥斯曼的巴黎改造计划中的轴线 ⑬⑭平民宫殿（法国）

(⑬⑭)等，数不胜数。虽然这个手法是给予建筑故事性的有效手法，但如果使用得不好的话会给人一种很自以为是的感觉。

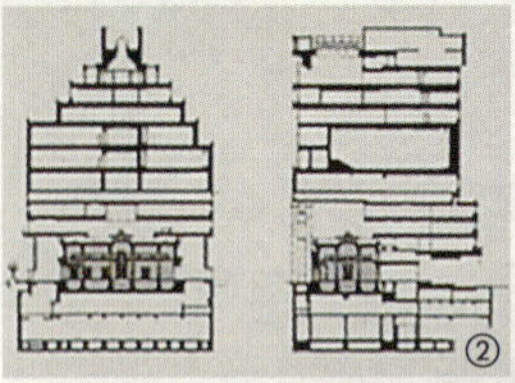

◉——引入历史这个手法，是一种以将已经不使用了的建筑加以保存和活用为目的，开发新的用途和扩充新的功能的手法。经过长时间社会的变迁，丧失了本来功能的建筑，大部分都被拆除然后被新的建筑取代了。但是，有些历史性建筑作为文化财产是很有价值的，关乎着当地的产业、文化，并且作为地标而被当地人们喜爱着，所以我们对这些历史性建筑应当予以活用和保留（⑧～⑫）。

在这种情况下，将建筑全部保留还是有一定难度的，所以一般都采取保留一部分建筑，并把它和新建筑融合在一起，使它具有新的功能，被称为

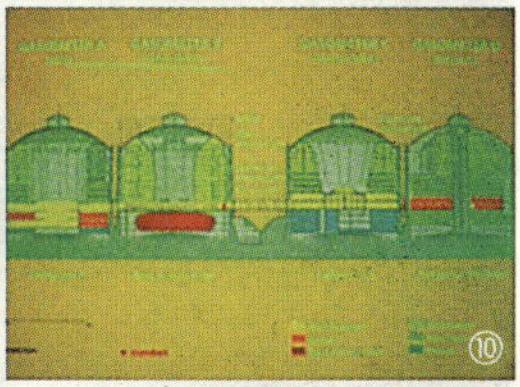

①～④千叶市立美术馆·中央区役所，将旧建筑罩在一个大玻璃罩里　⑤～⑦札幌工厂（札幌市），将砖造的建筑改建成大型购物广场　⑧～⑩煤气厂公寓大楼（维也纳），将公司以前的大仓库改建为集合住宅　⑪仓敷常春藤广场，将有着红砖墙的旧工厂改造成了酒店　⑫国际儿童图书馆（东京），石头建筑和玻璃建筑很好的结合　⑬小樽运河，放弃将河道填埋的计划，而是将其保存、重修，这是河边的运河购物中心和仓库群

“改造”的手法。其中有将历史建筑的立面保留，将其内部转用为店铺或者咖啡馆，通过加强结构使它与新的大型建筑结合在一起成为一种复合设施的手法(⑤～⑦)，还有将历史建筑用玻璃外壁保护起来引用到新建筑中的手法(①～④)等。

对于城市尺度中的残存的历史空间也一样，将其残留的一部分作为步行街，通过咖啡馆、店铺等功能的组合活用成一种全新的空间，引入不断变化的环境中，作为城市的一部分而被保留下来(⑬)。

◉——人们有时会对与自己有关的场所、建筑和城市等因为某些事件而留有深刻的记忆，而有些设计就是出于将这些记忆持续到未来的想法。有时当地市民甚至是全人类会遇到一些悲伤的事件，建筑或者纪念碑会记录这些事件，同时祈祷着不会再发生类似的事件。在表现对痛心的事件的记忆的同时，也蕴含着对未来永不放弃的希望。具体的设计方法有以下这些，将事件本身视觉化(⑬)，或者在事件发生的场所建造纪念碑或者建筑(①～④)，或者建设保管遗留物或者相关物品的纪念设施(⑦⑧)，或者创造祈祷的场所等很多很多(⑨～⑫)，甚至有将整个城市复原成事件

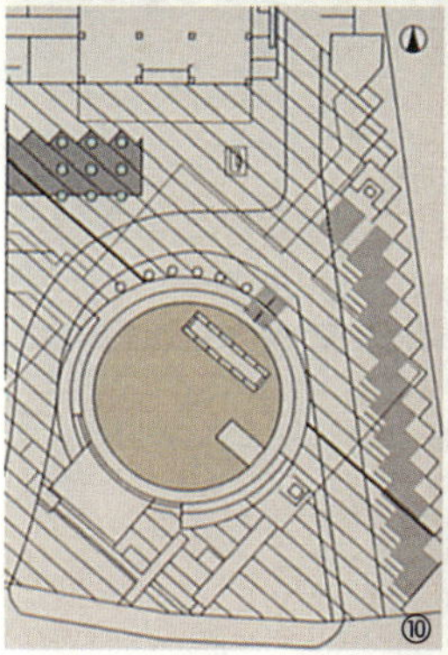

①归零地（纽约），9.11事件后世贸中心地区的重建模型 ②同上：规划图 ③④恐怖袭击前的世贸中心和袭击后的样子 ⑤⑥华沙旧城广场（波兰），原封不动地复原在战争中受到攻击前的样子的广场，以及在其一个角落中因未损坏而没经过复原的建筑 ⑦广岛和平纪念公园，作为世界遗产，其保持了原子弹爆炸后的惨状 ⑧同上：慰灵纪念碑和广岛和平纪念公园 ⑨国立长崎原子弹爆炸殉难者追悼和平祈念馆入口处外观（夜景）⑩同上：规划图 ⑪⑫同上：祈祷的空间 ⑬神户阪神大地震纪念公园

发生当天的模样的手法(⑤⑥)。不论是哪种手法，比起功能来都更重视象征性是其特点。现在很盛行的街区保存，利用象征意义来致力于生活的继续，因此与其称为记忆的持续，不如称之为引入历史的设计。

作者/照片、图片提供/协助

1）章节名称后面记载的是负责各章的整理者。
2）执笔者名字后面的数字是照片、图片的提供者（执笔者本人提供的省略）。
3）从日本建筑协会所编的《空间体验》、《空间表现》、《空间要素》（井上书院出版）中引用的照片，在此省略书名只记录了摄影者姓名。

1 伫立 —— 福井 通

[伫立于中心、关键处] 福井 通 ⑪⑫东国 肇
[高高耸立] 本间义章 ①津田良树/②③⑧⑮福井 通/⑤东国 肇/⑨梅泽弘树
[伫立于周围] 腰越耕太 ①~⑩福井 通/⑪~⑭/中山敏明
[林立]福井 通 ⑩大川三雄
[连续伫立] 福井 通

协助 腰越耕太、白井克典、新関浩正、松原一行、山崎裕也、包 慕萍

2 覆盖 —— 安原治机

[用自然覆盖] 安原治机 ①~③⑪赤木徹也/④八代克彦/⑤车田 保
[与光一起覆盖] 安原治机 ③~⑤⑦⑨~⑬赤木徹也/⑭海谷 宽
[柔和覆盖] 安原治机 ①~⑧赤木徹也
[覆盖街道、广场] 安原治机 ②③日色真帆/④⑤初田 享/⑦~⑬赤木徹也
[轻快地覆盖] 安原治机 ①②新建筑照片部/③⑥⑧赤木徹也

协助 佐藤宪一、丰川仁喜、中村 彰

3 围合 —— 土肥博至

[整体围合] 石井清巳 ①③~⑤⑦~⑫土肥博至
[柔和地围合] 黑川 茜 ①~④⑧⑩⑪土肥博至/⑤齋木崇人/⑦福本佳世/⑨赤木徹也/⑫石井清巳
[临时围合] 石井清巳 ①④⑧⑩土肥博至/⑤Carlos Alberto MONTANA HOYOS /⑨志村真纪
[表现领域] 黑川 茜 ①⑨⑩⑫⑬土肥博至/③④⑭石井清巳/⑪齋木崇人
[创造中央空间] 伊藤真贵 ①~⑤⑥⑩⑪土肥博至/⑦⑨石井清巳
[不围合] 石井清巳 ①②⑧⑩~⑭石井清巳/④ ~ ⑦土肥博至

协助 山岸千夏

4 堆积 —— 积田 洋

[堆积相同要素] 积田 洋、铃木弘树 ①関户洋子/②④⑥⑦⑩⑪积田 洋/③铃木弘树/⑧⑫⑬田中 匠/⑨滨本绅平
[堆积不同要素] 积田 洋、铃木弘树 ①②④~⑥⑪积田 洋/⑦⑧枹崎恭介/⑨津田良树/⑩铃木弘树
[堆积楼层] 积田 洋、铃木弘树 ①②新建筑照片部/④⑤滨本绅平/⑥⑧⑩积田 洋/⑦⑨⑪~⑬中山诚健
[堆积于基座上] 积田 洋、铃木弘树 ①⑧铃木弘树/②昭和女子大学芦川研究室/

③滨本绅平/④田中 匠/⑤Suraj Pradhan/⑥⑩北川典义/⑦积田 洋/⑨大滨直子
[错开堆积] 积田 洋、铃木弘树 ①中山诚健/②③田中 匠/④栗生 明/⑤~⑦积田 洋/⑧⑩⑪铃木弘树
[随意堆积] 関户洋子 ①~④⑥田中朋久/⑦新建筑照片部/⑧⑨积田洋/⑩枹崎恭介

协助 中山诚健、滨本绅平、Suraj Pradhan 、田中 匠、田中朋久、枹崎恭介

5组建 —— 铃木信弘

[用格子组建] 铃木信弘 ①福井 通/④津田良树/⑥梅野圭介/⑦⑧永井咲子/⑨小野寺 淳
[用桁架组建] 铃木信弘 ⑤府中拓也/⑩志水英树
[用面组建] 铃木信弘 ①下村 纯/④⑥是永美树/⑤斎藤公男
[用体积组建] 铃木信弘 ④⑤大佛俊泰
[组合建造] 铃木信弘 ⑧塚本由晴/⑩下村 纯

协助 有马沙耶香、大泽熏了、汤田幸伸

6挖掘、雕刻 —— 积田 洋

[向下挖掘] 积田 洋、铃木弘树 ①~③花里真道/④~⑥⑩⑪铃木弘树/⑧⑨八代克彦/⑫福本佳代/⑭⑮积田 洋/⑯~⑱NAKASA&Partners
[横向挖掘] 积田 洋、铃木弘树 ①~④磯村真论/⑥~⑧栗生 明/⑨~⑪⑯北川典义/⑫⑬花里真道/⑭⑮积田 洋
[雕刻、切取] 积田 洋、铃木弘树 ①~③磯村真论/⑤⑦铃木弘树/⑥⑧积田洋/⑨⑩田中朋久/⑪~⑬花里真道/⑭~⑰铃木弘树
[挖掘地下空间] 积田 洋、铃木弘树 ①~④新建筑照片部/⑥⑦NAKASA & Partners/⑧~⑩铃木弘树/⑪藤田美央

协助 中山诚健、滨本绅平、Suraj Pradhan、田中 匠、田中朋久、枹崎恭介

7排列 —— 金子友美

[均等排列] 金子友美 ③积田 洋/⑭横滨久美子
[创造节奏] 佐野奈绪子 ①横滨久美子/②⑨金子友美/③⑤⑦宗方 淳/⑥安原治机/⑧昭和女子大学芦川研究室
[集中排列、分散排列] 金子友美 ⑦⑨金尾元子/⑧东京大学生产技术研究所藤井明研究室/⑪八木香代/⑫丹生多美/⑮昭和女子大学芦川研究室
[制造秩序] 金子友美 ②铃木弘树/⑦芦川 智/⑨昭和女子大学芦川研究室

协助 丹生多美、横滨久美子、井村友香、大高 梓、奥津桃子、金井直子、蟹由京子、佐佐木羽衣子、滨口亚希子、中山NATUMI、樋原聪美、万方里美

8整合 —— 大佛俊泰

[几何学整合] 星野 雄、大佛俊泰 ①~⑨⑪⑫大佛俊泰
[按比例、比率整合] 中田由美、大佛俊泰 ①~④⑦~⑨⑪大佛俊泰/⑤星野 雄/⑥镰田诗织/⑩森本 亘
[通过轴线整合] 镰田诗织、大佛俊泰 ①②⑤⑦~⑩大佛俊泰/④井上 猛/⑥星野 雄
[对称整合] 星野 雄、大佛俊泰 ①~⑧⑫⑬大佛俊泰/⑨岛田 廉/⑪中田由美
[用格栅整合] 岛田 廉、大佛俊泰 ③④⑥大佛俊泰/⑧藤井晴行/⑩小川将克/⑪

广野雄太/⑫中田由美

协助 大谷郁子、安藤一将、井上 猛、田浦智美、水岛 信

9分割 —— 福井 通

[用墙壁分割] 福井 通
[用幅度分割] 富井正宪 ②③德尔福研究所/⑦⑬新建筑照片部/⑧福井 通
[用高差分割] 富井正宪 ①~③⑤⑭福井 通/⑥元离宫二条城事务所所藏/⑦平井圣(剖面透视复原)/⑬新建筑照片部
[用装置、记号分割] 津田良树 ①东京国立博物馆所藏/②铃木信弘/⑩CENTRAAL MUSEUM UTRECHT/⑪⑫新建筑照片部/⑯本间义章
[朦胧分割] 津田良树 ⑪铃木信弘/⑫本间义章

协助 中山敏明、白井克典、武川卓也、利根川裕、田兼雄介、千叶神奈子

10混合 —— 横山胜树

[表现混沌] 関户洋子 ⑮小林茂雄/⑰横山胜树
[五彩斑斓] 齐藤 理 ②安藤洋平/⑪赤羽千春
[运用多种样式] 日色真帆
[粘贴画] 日色真帆 ②多罗尾直子/③津田良树
[混合形式] 齐藤 理 ③~⑤赤羽千春/⑪安藤洋平

11连接 —— 山家京子

[流线连接] 佐佐木一晋 ⑦⑧石井启辅/⑮山家京子/⑰⑱福井 通
[空中连接] 佐佐木一晋 ⑩日色真帆/⑪山家京子/⑬⑭福井 通
[分节连接] 佐佐木一晋 ⑩多罗尾直子/⑫小林美纪/⑬日色真帆/⑭⑮⑯福井 通
[上下连接] 山家京子 ①②④⑨~⑫佐佐木一晋/⑤⑥石井启辅/⑧日色真帆/⑬~⑮福井 通⑯安原治机
[缓和连接] 山家京子 ①②⑥⑪佐佐木一晋/④Coelacanth and Associates/⑦~⑩福井 通/⑫Workstation

协助 石井启辅、井口惠之、今西美绪、内田仁美、荻原由美、中尾亚弥、武石遥、远藤大辅、佐佐木茧子

12对比 —— 金子友美

[形态对比] 金子友美 ⑨金尾元子
[明暗对比] 金子友美 ④~⑥横滨久美子
[开闭对比] 佐野奈绪子 ①④新建筑照片部/②③横滨久美子/⑤CENTRAAL MUSEUM UTRECHT
[色彩对比] 金子友美
[新旧对比] 佐野奈绪子 ①④⑥⑦金子友美/②③安原治机/⑤东京大学香山研究室/⑧积田 洋

协助 丹生多美、横滨久美子、井村友香、大高 梓、奥津桃子、金井直子、蟹由京子、佐佐木羽衣子、滨口亚希子、中山NATUMI、樋原聪美、万方里美

13变形 —— 大佛俊泰

[折弯] 镰田诗织、大佛俊泰　①~④⑥~⑪⑭⑯大佛俊泰/⑤⑮小川将克/⑫镰田诗织
[错开] 井上 猛、大佛俊泰　①③④⑥~⑪大佛俊泰/②④井上 猛/⑤镰田诗织/⑬⑮星野 雄
[破坏] 中田由美、大佛俊泰　①③⑤~⑧⑩~⑫大佛俊泰/②施怡/④中田由美
[蜿蜒] 岛田廉、大佛俊泰　①②④~⑪⑬~⑮大佛俊泰/⑫岛田 廉
[旋转轴线] 井上 猛、大佛俊泰　①池谷友宏/②③⑥⑧⑨井上 猛/⑤⑪大佛俊泰/⑬小川将克

协助　大谷郁子、安藤一将、星野 雄、水岛 信

14悬浮 —— 林田和人

[全体悬浮] 高柳英明　①~⑦⑪⑫萩内伸彦/⑩远田 敦/⑬金山键一
[部分悬浮] 高柳英明　⑦日色真帆
[水上悬浮] 高柳英明　⑩铃木叶子
[悬挂悬浮] 高柳英明
[突出] 高柳英明　⑨远田 敦

15通透、贯穿 —— 安原治机

[通透物体] 赤木徹也
[透过遮挡] 赤木徹也
[水平贯穿] 赤木徹也
[垂直贯穿] 赤木徹也

协助 明山泰之、岩崎裕二、犬塚聪敬、大田绘美、窪野良太、乙颜谦司、佐藤宪一、总见阳介、森野和彬。

16给予能动性 —— 横山胜树

[视觉动力] 横山胜树　①大泽春美/⑤⑥関户洋子
[运动的面] 横山YURIKA　⑪関户洋子
[转换景观] 齐藤理　⑤⑨⑬安藤洋平
[制造人流] 齐藤理　⑬安藤阳平⑭⑮斋藤织江

17装饰 —— 柳田 武

[给予象征性] 柳田 武　②土肥博至/③大川三雄/④大佛俊泰/⑥福井 通/⑦重枝豐/⑧⑨藤井 明
[装饰内部空间] 柳田 武　①~③福井通/④⑥~⑩大佛俊泰/⑤土肥博至/⑪横田隆司
[重视样式] 柳田 武　①②八木幸二/③④安原治机/⑤~⑦松本直司/⑧福井 通/⑪积田 洋/⑫~⑭金子友美
[大量装饰] 柳田 武　①②小林美纪/③④⑥~⑧福井 通/⑤藤森照信/⑨积田 洋/⑬佐藤美里
[创造层次] 柳田 武　①②富井正宪/③福井 通/④横田隆司

18象征 —— 铃木信弘

[象征地段] 木下芳郎　①⑫⑬铃木信弘/②⑤⑩宫崎昭子/⑧⑨武田新平
[象征思想、主张] 木下芳郎　③④宫崎昭子/⑤田口阳子/⑥⑦武田新平/⑧⑨三浦彩子

[使用隐喻] 铃木信弘 ④土肥博至/⑥⑪福井 通
[象征技术] 铃木信弘 ①~③⑤⑧⑪~⑭福井 通/⑩东京大学宇宙线研究院 神冈宇宙素粒子研究设施

协助 清流大树、武田真理子、中山明宣、吉野智惠美

19运用自然 —— 积田 洋

[活用地形] 积田 洋、铃木弘树 ①②NAKASA&Partners/④⑤枹崎恭介/⑥⑩~⑬积田洋/⑦大川三雄/⑧福井 通/⑨栗生 明/⑭~⑯中井崇义/⑰铃木弘树
[熟识风土] 积田 洋、铃木弘树 ①积田 洋/③④⑦⑧北川典义/⑤⑥铃木弘树/⑨~⑩枹崎恭介
[创造风景] 积田 洋、铃木弘树 ①②土肥博至/③④花里真道/⑥⑦⑪~⑮积田洋/⑧NAKASA&Partners/⑨铃木弘树/⑩滨本绅平
[选取风景] 积田 洋、铃木弘树 ①②⑥⑦⑨⑩⑫铃木弘树/③④枹崎恭介/⑤积田 洋/⑧田中朋久
[运用光] 积田 洋、铃木弘树 ①④~⑥⑫⑭积田 洋/②中山诚健/③⑧⑨⑪⑬滨本绅平/⑩枹崎恭介
[运用水] 积田 洋/铃木弘树 ①~③⑦⑫~⑭积田 洋/⑤⑥花里真道/⑧中山诚健/⑨~⑪滨本绅平/⑮⑯铃木弘树

协助 中山诚键、滨本绅平、Suraj Pradhan、田中 匠、田中朋久、枹崎恭介

20诉说时间 —— 土肥博至

[诉说故事] 土肥博至 ③井冈靖树/⑤~⑦石井清巳/⑧平野奈奈/⑨⑩三上菜穗子
[体现宗教] 山岸千夏 ①~③伊藤真贵/④~⑥福井 通/⑦⑩⑪土肥博至/⑧柳田 武/⑨大佛俊泰
[引用] 土肥博至 ②石井清巳/⑦⑧黑川 茜
[融入历史] 山岸千夏 ①③④⑫石井清巳/⑤~⑪⑬土肥博至
[引发记忆] 伊藤真贵 ①井冈靖树/④小西孝子/③⑤~⑧土肥博至/⑨NAKASA&Partners/⑪⑫石井清巳

协助 石井清巳、黑川 茜

引用文献

3頁 ⑬ "El Croquis 112/113：Jean Nouvel 1994-2002" El Croquis Editorial, 2003, p238-239, photo
3頁 ⑭ 同上，p246, Levels under dome, Top management/North-South section
3頁 ⑮ 同上，p240, Ground floor plan-hall
4頁 ⑥ Adolf Loos/August Sarnitzk "Adolf Loos : 1870-1933" TASCHEN, 2003, p56, Presentation Drawing
4頁 ⑦ Van Der Rohe, Mies/Riley, Terence／Mies Van Der Rohe, Ludwig/Bergdol "Mies in Berlin" Museum of Modern Art, 2001, p187, View of model
5頁 ⑭ 『新建築』2004年9月号，新建築社，114頁，平面・断面図
7頁 ⑮ 『a+u』1996年10月号，エー・アンド・ユー，19頁，コートヤード・レヴェル平面図
7頁 ⑯ 同上，22頁，サンクン・ガーデンを通る長手方向断面図
7頁 ⑰ 同上，22頁，サンクン・ガーデンを通る短手方向断面図
9頁 ⑨ 『新建築』1997年4月号，新建築社，102頁，断面図
11頁 ⑫ 『建筑学報』2004年9月号，中国建筑学会，37頁，主楼剖面図
34頁 ⑤ 日本建築学会編『日本建築史図集』彰国社，1980年，13頁，図5
36頁 ③ 『新建築』1986年1月号，新建築社，149頁，図
38頁 ③ 『新建築』1996年11月，新建築社，174頁，断面図
43頁 ⑨ 『新建築』1999年9月，新建築社，85頁，第Ⅰ期から第Ⅲ期までの構成を示すアクソメ図
44頁 ⑤ Francesco Dal Co, Kurt W.Forster；building deseriptions by Hadley Arnold "Frank O. Gethry：The Complete Works" The Monacelli Press, 1998, p484, West elevation
56頁 ⑦ 世田谷美術館カタログより
58頁 ⑤ Bussagli, Mario "Oriental Architecture I：India, Indonesia, Indochina (History of World Architecture)" Rizzoli International Publications, 1989, p73, 91. Ajanta, caves, plan of the complex
60頁 ④ 同上，p71, 87. Ellora, Kailasanatb, elevation, transverse section, and plans
62頁 ⑤ 『新建築』2004年9月号，新建築社，70頁，配置図
65頁 ⑬ 『GA DOCUMENT EXTRA 10 BERNARD TSCHUMI』エーディーエー・エディタ・トーキョー，1997年，39頁，Axonometric
66頁 ④ Pierre-alain Pantz (URL：http://194.185.232.3/works/037/pictures.asp)
73頁 ⑩ 日本建築学会編『西洋建築史図集』彰国社，1953年，20頁，図5・6
75頁 ⑫ 日本建築学会編『日本建築史図集』彰国社，1980年，98頁，図2
76頁 ③ KENZO TANGE ASSOCIATES "KENZO TANGE ASSOCIATES OFFICIAL SITE" は行・広島平和公園 (URL：http://www.ktaweb.com/works/index2.html)
79頁 ⑩ 谷川正己『図面で見るF. L. ライト 日本での全業績』彰国社，1995年，88頁，1階平面図
80頁 ① 都市史図集編集委員会編『都市史図集』彰国社，1999年，6頁，図3
80頁 ② 同上，4頁，図1
80頁 ⑤ AACESSMAPS.COM (URL：http://www.aaccessmaps.com/show/map/manhattan)
81頁 ⑨ 渕上正幸著，ギャラリー・間編『ヨーロッパ建築案内 1』TOTO出版，1998年，56頁，図2
82頁 ⑥ ロジャー・H・クラーク他，倉田直道・倉田洋子訳『建築フォルムコレクション』集文社，1998年，185頁，図14
83頁 ⑬ "El Croquis 121/122：sanaa sejima＋nishizawa 1998-2004" El Croquis Editorial, 2004, p74, Main floor plan
85頁 ⑭ 橋本純『日本の建築空間』新建築社，2005年，363頁，拝殿平面

85页 ⑯ Jennifer Sigler "S.M.L.XL" MONAGELLI PRESS, 2002, p923, The strips
86页 ⑨ 橋本純『日本の建築空間』新建築社，2005年，361頁，拝殿断面
86页 ⑩ 同上，361頁，拝殿平面
87页 ⑫ W. Boesiger et O. stonorov "LE CORBUSIER oeuvre complete 1910-29" LES EDITIONS D'ARCHITECTUR, 1974, p23, L'ssatur standard《dom-ino》
87页 ⑮ ギャラリー間・小巻 哲『この先の建築』TOTO出版，2003年，227頁，House of "cloud" 藤本壮介 2001-2002年計画
92页 ⑤ "El Croquis 117：Frank Gethry 1996-2003" El Croquis Editorial, 2003, p128, First floor plan
103页 ⑭ Brawne, Michael/Frederiksen, Jens (PHT) "Jorgen Bo, Vilhelm Wohlert：Louisiana Museum, Humlebaek" Ernst J Wasmuth, 1993, p18(右下図)
103页 ⑯ 二川幸夫『妹島和世読本－1998』エーディーエー・エディタ・トーキョー，1998年，212頁，1階平面図
104页 ⑤ 『SD9401 原広司』平成6年1月号，鹿島出版会，96頁，Ease-West section
105页 ⑫ 亀井文庫『ピラネージ版画集 Opere di Giovanni Battista Piranesi, Francesco Piranesi e d'altri』パリ，フィルマン・ディド兄弟出版社，1835～1839年，8巻「第2部 想像による牢獄－I.「想像による牢獄」扉」，図・19葉
106页 ⑥ Meier, Richard/Frampton, Kenneth "Richard Meier Architect 2：1985/1991" Rizzoli International Publications, 1991, p358, The spectacular site of the Getty Site plan
107页 ⑰ 日本建築学会編『コンパクト建築設計資料集成 第2版』丸善，1994年，163頁，ギルモント小学校・配置図
108页 ⑦ 青木淳・保坂健二朗・ムスタファヴィ，モーセン『青木淳 JUN AOKI COMPLETE WORKS 1 1991-2004』INAX出版，2004年，459頁，Section
110页 ⑤ 『新建築 住宅特集』2003年2月号，新建築社，32頁，1階平面図
111页 ⑬ 『新建築』2000年5月号，新建築社，129頁，Cタイプ平面図
112页 ⑤ 『新建築』1990年7月号，新建築社，213頁，西立面図
117页 ⑨ 『建築知識』1996年6月号，エクスナレッジ，169頁，図3
123页 ⑬ 『新建築』1993年6月号，新建築社，226頁，7階平面図
125页 ⑫ 『新建築』1966年12月号，新建築社，161頁，基準階平面図
127页 ⑨ 法隆寺・パンフレットより（裏表紙，法隆寺境内平面図）
128页 ③ オーローラ・クイート／リスティーナ・モンテス編著，西森睦雄訳・監修『ANTONI GAUDI CORNET アントニ・ガウディの自然・技術・芸術』デザインエクスチェンジ，2002年，174頁，下図
130页 ④ マイケル・ブラウン『フランクフルト工芸美術館』同朋舎出版，1993年，41頁，1階平面図
131页 ⑦ David Stewart "Kazuo Shinohara Centennial Hall, Tokyo" Axel Menges, 1995, p17, Fourth floor plan
131页 ⑩ 『新建築』2002年7月号，新建築社，59頁，1階平面図
143页 ⑩ 『GA document 世界の建築13』エーディーエー・エディタ・トーキョー，1985年，45頁，Section
145页 ⑪ 『建築文化』1963年9月号，彰国社，56頁，1階平面・2階平面・屋階平面図
146页 ⑥ 『新建築』1954年1月号，新建築社，10頁，1階・2階平面図
148页 ⑦ 『GA グローバルアーキテクチュア36 フランク・ロイド・ライト』エーディーエー・エディタ・トーキョー，1975年，47頁，Section through main gallery and dome
150页 ② 『GA Document 世界の建築81』エーディーエー・エディタ・トーキョー，2004年，37頁，Gates Building Elevation
152页 ⑦ 『新建築』2002年6月号，新建築社，76頁，屋上階平面図
176页 ③ 『新建築』1996年11月号，新建築社，181頁，断面図
178页 ② 『新建築』1982年1月号，新建築社，189頁，部分断面図
180页 ⑤ 『新建築』2003年8月号，新建築社，95頁，配置図
184页 ⑦ 『新建築』1991年6月臨時増刊号，新建築社，60頁，アクソノメトリック・ドロー

イング

188頁 ④　『建築文化』1998年7月号，彰国社，60頁，配置＋ヴォイドと地階のアクソメ図

192頁 ③　『日経アーキテクチュア』1993年6月7日号，日経BP社，171頁，上図

193頁 ⑫　『筑波研究学園都市景観審査会記録集』14頁，平面図

196頁 ②　『新建築』2003年4月号，新建築社，25頁，グランド・レベル平面図

197頁 ⑩　『新建築』2003年8月号，新建築社，66頁，配置図

[事例索引]

北美、南美

欧洲

非洲

亚洲

日本

大洋洲